集中式新能源接入系统设计案例

（一次部分）

国网河南省电力公司经济技术研究院　组编

中国电力出版社
CHINA ELECTRIC POWER PRESS

内容提要

本书结合已评审的新能源项目实例，从电网规划、设计方案、经济技术比较等方面全面向读者展示新能源场站接入系统一次部分设计内容，帮助读者掌握和了解新能源场站接入系统一次部分的设计方法和技巧。

本书共5章，第1章为接入系统设计（一次部分）简介，主要包括工作流程、设计原则及主要内容；第2章为接入系统设计（一次部分）设计方案及内容详解；第3～5章分别为风电场、光伏电站、储能电站接入系统设计（一次部分）典型案例。

本书适用于从事新能源场站接入系统设计（一次部分）专业人员。

图书在版编目（CIP）数据

集中式新能源接入系统设计案例：一次部分 / 国网河南省电力公司经济技术研究院组编. -- 北京：中国电力出版社，2025. 2. -- ISBN 978-7-5198-9515-0

Ⅰ. TM61

中国国家版本馆 CIP 数据核字第 20250VS156 号

出版发行：中国电力出版社
地　　址：北京市东城区北京站西街 19 号（邮政编码 100005）
网　　址：http://www.cepp.sgcc.com.cn
责任编辑：赵　杨（010-63412287）
责任校对：黄　蓓　马　宁
装帧设计：王红柳
责任印制：石　雷

印　　刷：北京九天鸿程印刷有限责任公司
版　　次：2025 年 2 月第一版
印　　次：2025 年 2 月北京第一次印刷
开　　本：787 毫米 ×1092 毫米　16 开本
印　　张：10.5
字　　数：192 千字
定　　价：70.00 元

编委会

编写成员名单

主　　编　于琳琳

副 主 编　司瑞华　贾　鹏

编写人员　张丽华　程昱明　邵红博　李甜甜　陈姝彧　丁　咚
赵亚博　谢胜男

前言

大力发展可再生能源是实现“碳达峰、碳中和”目标的关键途径，是应对气候变化、推进绿色低碳发展的重要举措。近年来，我国可再生能源尤其是新能源产业迅猛发展，给电网规划、设计、建设、运行、管理等提出了更高要求。

国网河南省电力公司经济技术研究院承担全省 110kV 及以上新能源场站接入系统方案评审咨询工作，在评审工作中发现接入系统设计一次部分存在与电网规划衔接不紧密、推荐方案合理性不足等现象。本书结合已评审的新能源项目实例，精心挑选具备典型性和代表性的案例，从电网规划、设计方案、经济技术比较等方面全面向读者展示新能源场站接入系统一次部分设计内容，图文结合，帮助读者掌握和了解新能源场站接入系统一次部分的设计方法和技巧。

本书共 5 章，第 1 章为接入系统设计（一次部分）简介，主要包括工作流程、设计原则及主要内容；第 2 章为接入系统设计（一次部分）设计方案及内容详解；第 3 ~ 5 章分别为风电场、光伏电站、储能电站接入系统设计（一次部分）典型案例。

本书的编写得到了国网河南省电力公司发展策划部的大力支持和帮助，在此致以诚挚感谢。由于作者水平有限，且不同时期所执行的标准不尽相同，书中难免存在不足和疏漏之处，敬请广大读者批评指正。

编　者

2024 年 6 月

目录

1 接入系统设计（一次部分）简介

1.1 目的意义

开展集中式新能源接入系统设计（一次部分）的主要目的：①促进集中式新能源项目规范化并网，通过统一并网技术标准及要求，保障集中式新能源项目并网后，电网安全可靠运行；②明确新能源项目电力消纳方向，通过开展电力平衡分析及电网消纳能力分析，保障新能源项目电力送至有利于消纳的地区，提升项目效益；③提出最优并网方案，在明确新能源项目电力消纳方向的基础上，拟定多个接入系统方案，通过开展经济技术比较，提出最优并网方案，保障新能源项目顺利并网发电。

1.2 工作流程

接入系统设计（一次部分）主要工作流程如下：

（1）资料收集。了解新能源项目情况，如站址区域、本期规模及最终规模、投产时间等；收集电力系统资料，如电网负荷特性、电源现状及规划、电网现状及规划，新能源场站升压站附近变电站及线路情况等。

（2）编制报告。编写接入系统设计（一次部分）报告，主要包括电网及电源现状、电源规划、电网规划、负荷特性分析、电源出力特性分析、电力平衡分析、接入系统方案研究、各方案经济技术比较、推荐方案、新能源场站主要设备参数要求等。

（3）方案评审。邀请相关专家对接入系统设计（一次部分）报告进行评审，形成一致意见并正式印发。

1.3 设计原则

接入系统设计（一次部分）应在保障电网安全可靠运行的基础上，遵循投资合理、标准统一、运行高效的设计原则，设计方案既要有普遍性、可扩展性，又要有经济性，应在统一的技术要求下实现接入方案规范化，力争实现新能源项目接入系统及运营成本最低。具体原则如下：

（1）可靠性：保证电网及新能源场站安全可靠运行。

（2）经济性：按照各方利益最大化的原则，实现新能源场站与电网和谐发展。

（3）适应性：综合考虑地区电网规划、电源规划等，适应周边电力系统发展的不确定性因素。

1.4 主要内容

接入系统设计（一次部分）是在分析地区电网现状的基础上，结合地区电源规划、电网规划及电力需求预测，开展电力平衡分析，提出相关变电站及电网消纳能力，明确新能源场站电力消纳方向，拟定新能源场站多个可行的接入系统方案，随后通过电气计算、经济技术比较等，提出推荐方案，并对推荐方案的无功配置、升压站主接线型式等提出建议。

1.5 常见问题

在新能源接入系统方案一次部分评审过程中发现以下几类常见问题：

（1）接入系统方案考虑不全面。对新能源升压站附近的电网现状或电网规划情况没有进行充分收资，导致报告中接入系统方案考虑不全面。

（2）新能源消纳分析不到位。在对新能源场站升压站附近可消纳的系统变电站进行消纳分析时，已并网或已审定的集中式或分布式新能源装机容量不准确，导致系统变电站新能源消纳分析不准确，从而在评审时专家不能准确判断系统变电站的消纳能力，最终影响新能源场站最终接入系统方案。

（3）缺少新能源对关键断面影响分析。新能源场站所在地区已并网或已审定新能源较多，后续新能源场站接入后，缺少对所在地区外送断面是否存在 $N-1$ 或同塔 $N-2$ 问题的分析。

（4）电气计算正常方式不对。潮流计算中新能源所在地区电力盈余与电力平衡表中盈余不对应，导致计算时不能正确反映故障方式下电网可能存在的问题。

2 接入系统设计（一次部分）设计方案

2.1 设计依据

设计依据主要包括设计院与新能源项目业主签订的设计合同、设计委托书或任务书等，并明确设计内容和范围；介绍开展接入系统设计所依据的国家、行业或电力企业等发布的相关标准、规范，以及地区电网规划。

2.2 新能源场站概况

新能源场站概况包括项目建设地理位置、本期规模及最终规模、纳入政府规划情况、前期进展、规划投产时间、风光资源情况、年发电量、利用小时数、总投资等，并确定设计水平年、远景年等，以及项目配套建设储能装置情况、配套实施煤电灵活性改造情况等。

2.3 周边电力系统概况

电源现状主要包括电源结构、装机容量、并网信息、运行数据等，以及新能源消纳情况等。

电网现状主要包括各电压等级变电站座数及主变压器容量、运行数据等，与周边电网联络情况等。

用电情况主要包括全社会用电量、最大负荷情况、近年增速及负荷特性等，以及系统调峰情况等。

2.4 负荷预测、电网规划及电源规划

负荷预测主要包括地区经济社会发展概况、历史用电负荷及电量增长情况，重点行业、大用户历史用电及其发展情况，项目投运水平年及远景年电量及负荷预测。

电网规划主要包括新能源场站拟接入电压等级及以上电网逐年规划方案，包括变电

站布点规划、网架规划等；与新能源场站接入强相关的规划电网工程要详细说明其系统方案、前期进展、投产年月等。

电源规划主要包括常规电源建设和退役安排，以及新能源、储能规划等。对于已确定接入方案的电源应说明其并网电压等级、接入站点等。

2.5 负荷特性及电源出力特性分析

负荷特性分析包括但不限于全年大负荷、全年小负荷分析，不同季节典型日负荷特性等，明确相关区域负荷高峰、低谷时段及对应的负荷率等。

区域电源出力特性包括分析常规电源年度实际运行曲线，明确不同季节下机组开机安排及最大、最小出力系数；分析新能源场站年度实际运行曲线，明确不同季节下典型日日间和夜间概率出力系数。

2.6 电力平衡分析

电力平衡分析包括确定电力平衡的范围，明确开展电力平衡的边界条件和原则，如平衡时刻的各类型电源出力安排、负荷水平等；开展相关区域电网、变电站在不同季节大、小负荷时刻下电力平衡分析；分析相关区域电网、变电站新能源消纳能力，提出新能源场站电力消纳方向建议。

2.7 接入系统方案（一次部分）拟定

接入系统方案（一次部分）拟定主要结合电网现状及电网规划，说明新能源场站接入前相关电网情况；根据相关区域电网负荷特性、电网接纳空间、新能源场站近期和远期容量及定位等，分析研究新能源场站宜接入区域和电压等级；分析拟接入站点建设、扩建条件以及线路走廊情况等，拟定多个可行接入系统方案，必要时提出过渡方案。接入系统方案应明确出线电压等级、回路数、导线截面和长度等。

2.8 方案经济技术比较

电气计算包括潮流计算、短路电流计算等。潮流计算需明确当地电网正常运行方式，开展投运水平年、远景年潮流计算分析，包括但不限于以下运行方式：负荷高峰时段、负荷低谷时段。短路电流计算需计算新能源场站投运水平年及远景年（投产年后 5 ~ 10 年的某一年）并网站点相关区域电网短路电流情况，必要时提出短路控制措施。

开展经济技术比较及方案推荐。结合潮流计算、短路电流计算结果，以及各方案投资估算、方案实施难度等，提出推荐方案。

2.9 稳定性计算分析

对推荐方案开展稳定计算，分析并网线路故障、主要输送断面故障方式下电网稳定特性，校验接入系统方案、新能源场站相关参数是否满足电网稳定运行要求。

2.10 无功调压计算

对推荐方案开展调压计算；根据电网无功电压运行控制要求，推荐新能源场站并网后无功配置方案和型式要求。

2.11 新能源场站主要设备参数要求

结合接入系统设计研究情况，对新能源场站升压站电气主接线、输出功率因数、有功调节及动态响应能力、低 / 高电压穿越能力、主变压器参数等提出要求。

2.12 结论及建议

对接入系统设计（一次部分）主要结论进行归纳总结，包括推荐接入系统方案、无功补偿配置方案。并对升压站主要参数、应满足技术标准、并列点及人工解列点等提出建议。

2.13 附图要求

附图要求应包括新能源场站所在电网现状年、投产年、远景年地理接线图，新能源场站升压站电气主接线图及相关变电站电气主接线图、总平面布置图，新能源场站接入系统方案图、潮流图，以及推荐方案稳定计算曲线图。

3 风电场接入系统设计（一次部分）典型案例

案例一：直接接入 220kV 电网的案例分析

项目案例：Y 县 100MW 风电场项目

方案分类：结合项目周边站点电力平衡分析及消纳空间分析，110kV 电网已无消纳空间，需接入 220kV 电网。周边站点线路路径、出线间隔具备接入条件，直接接入 220kV 系统站。

1. 项目概况

风电项目 A 位于 O 市 Y 县东部，总装机容量 100MW，同时配套建设 40MW/80MWh 储能设施，计划 2024 年 9 月底首台风机并网，2024 年 12 月底全部风电机组投运。配套储能设施与风电场同期投产。

风电项目年上网发电量为 286210.64×10^4kWh，年等效满负荷利用小时为 2862h。该风电场风功率密度等级为 D–3 级，该风电场选择永磁直驱风机，单机额定功率 6.25MW，切入风速 2.5m/s，额定风速 10.9m/s，切出风速 20m/s。

风电项目 A 二期 100MW 风电项目，预计“十五五”投运，二期项目与该项目位于同一区域，计划在本期升压站内扩建一台主变压器。

2. 周边电力系统概况

2022 年 Y 县供电区全社会最大用电负荷 518MW，全社会用电量 21.85×10^8kWh，同比增长分别为 4.8% 和 16.3%。

截至 2022 年底，Y 县有 220kV 公用变电站 2 座，变电总容量 780MVA，即变电站 B（1×180MVA）、变电站 C（2×180MVA）、变电站 E（1×240MVA）；共有 110kV 公用变电站 9 座，变电总容量为 696MVA。2025 年，规划投产变电站 B 扩建工程，新增主变压器容量 180MVA。

截至 2022 年底，Y 县无统调电厂，常规地方公用及企业自备电厂 1 座、分散式风电场 2 座，装机容量 52MW、分布式光伏装机容量 251.2MW。

3. 电力平衡分析

（1）风电场出力特性分析。

根据 X 市、Y 县已投运风电场 2022 年全年出力数据，风电场不高于 95% 出力概率的出力系数结果表见表 3–1–1。

表 3-1-1　　风电场不高于 95% 出力概率的出力系数结果表

时段	不高于 95% 出力概率的出力系数	
	O 市	Y 县
春季日间	0.70	0.80
春季夜间	0.75	0.85
夏季日间	0.5	0.5
夏季夜间	0.55	0.55
秋季日间	0.63	0.81
秋季夜间	0.72	0.78
冬季日间	0.65	0.70
冬季夜间	0.70	075

（2）负荷特性。

1）X 市供电区负荷特性。X 市供电区夏季大负荷日出现午高峰和晚高峰两个峰值，午高峰出现在 13 时左右，晚高峰出现在 22 时左右，晚高峰高于午高峰，晚高峰为 4997MW，午高峰为 4507MW，约为晚高峰的 90%，日最小负荷约为 3292MW，日负荷率为 66%。

X 市供电区春季典型日大负荷日出现在晚高峰，出现在 18 时左右，晚高峰约为 2685MW，夜间低谷出现在凌晨 3～5 时，低谷负荷最低 2005MW，典型日负荷率为 0.75，约为夏季大负荷的 40%。春季日间低谷负荷约为 2313MW，日间小负荷约为夏季大负荷的 46%。

X 市供电区冬季典型日大负荷日出现在晚高峰，出现在 18 时左右，晚高峰约为 2863MW，夜间低谷负荷出现在 3～5 时，最小负荷约为 1789MW，小负荷率为 0.62，约为夏季大负荷的 36%，日间低谷出现在 13～14 时，日间小负荷为 2098MW，约为夏季大负荷的 42%。

2）Y 县供电区负荷特性。

Y 县夏季大负荷出现在晚高峰，晚高峰为 491.6MW，出现在 21 时左右；日间负荷峰值约为 475.6MW，出现在 18 时左右，约为晚高峰的 97%；日最小负荷约 266MW，出现在凌晨 5～6 时，日负荷率为 0.54。

Y 县春季典型日大负荷出现在 18 时左右，最大负荷约为 210MW，日低谷出现在凌晨 3～6 时，最小负荷为 100MW，日负荷率为 0.48，约为年最大负荷的 20%；日间低谷负荷约为 136MW，约为年最大负荷的 28%。

Y 县冬季典型日大负荷出现在晚高峰，出现在 18 时左右，晚高峰约为 284MW，日低谷出现在凌晨 1～5 时，最小负荷为 105MW，日负荷率为 0.37，约为年最大负荷的 21%；日间低谷负荷约为 218MW，约为年最大负荷的 44%。

3）变电站 C 负荷特性。

变电站 C 夏季大负荷出现在 18 时左右，最大负荷为 317.75MW，日最小负荷约 177.2MW，出现在凌晨 5～6 时，日负荷率为 0.56。

变电站 C 春季典型日大负荷出现在 18 时左右，最大负荷约为 157MW，日低谷出现在凌晨 3～6 时，最小负荷为 50MW，日负荷率为 0.32，约为年最大负荷的 16%；日间低谷负荷约为 75MW，约为年最大负荷的 24%。

变电站 C 冬季典型日大负荷出现在晚高峰，出现在 18 时左右，晚高峰约为 166MW，日低谷出现在凌晨 1～5 时，最小负荷为 63MW，日负荷率为 0.38，约为年最大负荷的 20%；日间低谷负荷约为 90MW，约为年最大负荷的 28%。

（3）电力平衡原则。

1）平衡年份选择 2024～2030 年。

2）该项目全部机组并网时间为 2024 年年底，平衡中该项目按照 2025 年投运进行考虑。

3）分别对 Y 县夏季夜间大负荷、春季夜间小负荷、春季日间小负荷进行平衡。

4）Y 县春季日间小负荷按照年最大负荷的 0.28 考虑，春季夜间小负荷按照年最大负荷的 0.2 考虑。

5）统调电厂的厂用电取 8%，夏季大负荷，火电机组满出力，自备电厂的出力考虑 50%；生物质及垃圾电厂按照 50% 出力考虑。春季日间低谷负荷，火电机组参与调峰，按最小出力考虑。

6）新能源出力方面，光伏日间 0.8，夜间 0，风电出力系数表见表 3-1-2。

表 3-1-2　风电出力系数表

时段	出力系数
夏季日间	0.50
夏季晚间	0.55

续表

时段	出力系数
春季日间	0.8
春季晚间	0.85
冬季日间	0.65
冬季晚间	0.70

（4）电力平衡结果。

1）X 市供电区电力平衡。分别对 X 市供电区夏季大负荷、冬季日间小负荷进行电力平衡。

X 供电区夏季夜间大负荷方式下，不计抽水蓄能，X 市统调火电全开机，计及规划风电 0.5 出力，光伏 0 出力时，X 市供电区 2025 年全区电力缺额 1057MW。X 供电区夏季夜间大负荷电力平衡表见表 3-1-3。

表 3-1-3　X 市供电区夏季夜间大负荷电力平衡表　MW

项目	2022 年	2023 年	2024 年	2025 年	2030 年
1.X 市夏季夜间大负荷	4862	5680	6150	6650	8087
2. 地方电厂装机	2381	3313	3693	4033	4033
常规地方电厂	493	493	533	533	533
分布式光伏	1888	2820	3160	3500	3500
3. 需网供负荷	4615	5433	5883	6383	7820
4. 装机容量	7148	7346	7601	8021	8021
4.1 统调火电	4560	4560	4560	4560	4560
4.2 抽水蓄能电厂	1200	1200	1200	1200	1200
4.3 风电装机	1308	1506	1706	2056	2056
其中：已投产	1308	1308	1308	1308	1308
已审未投产		198	398	398	398
未审定				350	350
4.4 集中式光伏装机	80	80	135	205	205
其中：已投光伏	80	80	80	80	80
未审定光伏			55	55	55

续表

项目	2022年	2023年	2024年	2025年	2030年
5. 储能电站			338.4	500.9	500.9
独立共享储能			300	300	300
新能源配套储能			38.4	200.9	200.9
6. 统调火电供电能力	4195	4195	4195	4195	4195
其中：220kV电厂供电能力	2981	2981	2981	2981	2981
7. 全区电力盈亏（全开机）					
7.1 计及已投光伏、已投风电、已审未投风电	299	−410	−750	−1250	−2687
7.2 计及已投光伏、已投风电、已审未投风电+未审风电和光伏	299	−410	−750	−1057	−2494
7.3 计及已投光伏、已投风电、已审未投风电+未审风电和光伏+储能放电0.5	299	−410	−580	−807	−2244
8.220kV电力盈亏（全开机）					
8.1 计及已投光伏、已投风电、已审未投风电	−915	−1624	−1964	−2464	−3901
8.2 计及已投光伏、已投风电、已审未投风电+未审风电和光伏	−915	−1624	−1964	−2272	−3709
8.3 计及已投光伏、已投风电、已审未投风电+未审风电和光伏+储能放电0.5	−915	−1624	−1795	−2021	−3458

X供电区冬季日间小负荷时刻，抽水蓄能抽水，统调火电最小出力，已投运光伏+该项目0.8出力，规划风电0.65出力方式下，X市供电区2025年全区电力盈余1402MW。X市供电区冬季日间小负荷电力平衡表见表3–1–4。

表3–1–4 X市供电区冬季日间小负荷电力平衡表 MW

项目	2022年	2023年	2024年	2025年	2030年
1.X市冬季日间小负荷	2042	2386	2583	2793	3397
2. 地方电厂装机	2381	3313	3693	4033	4033
常规地方电厂	493	493	533	533	533
分布式光伏	1888	2820	3160	3500	3500

续表

项目	2022 年	2023 年	2024 年	2025 年	2030 年
3. 需网供负荷	474	729	736	776	1380
4. 装机容量	7148	7346	7601	8021	8021
4.1 统调火电	4560	4560	4560	4560	4560
4.2 抽蓄电厂	1200	1200	1200	1200	1200
4.3 风电装机	1308	1506	1706	2056	2056
其中：已投产	1308	1308	1308	1308	1308
已审未投产	0	198	398	398	398
未审定	0	0	0	350	350
4.4 集中式光伏装机	80	80	135	205	205
其中：已投光伏	80	80	80	80	80
未审定光伏	0	0	55	125	125
5. 储能电站	0	0	338	501	501
独立共享储能	0	0	300	300	300
新能源配套储能	0	0	38	201	201
6. 统调火电供电能力	1878	1878	1878	1878	1878
7.220kV 常规电厂供电能力	1548	1548	1548	1548	1548
8. 全区电力盈亏（火电最小开机、最小出力、抽水蓄能抽水）					
8.1 计及已投光伏、已投风电、已审未投风电	741	992	1115	1075	471
8.2 计及已投光伏、已投风电、已审未投风电 + 未审风电和光伏	741	992	1159	1402	799
8.3 计及已投光伏、已投风电、已审未投风电 + 未审风光 + 储能充电 0.5	741	992	990	1152	548
9. 220kV 电力盈亏（火电最小开机、最小出力）					
9.1 计及已投光伏、已投风电、已审未投风电	1611	1862	1985	1945	1341
9.2 计及已投光伏、已投风电、已审未投风电 + 未审风电和光伏	1611	1862	2029	2272	1669
9.3 计及已投光伏、已投风电、已审未投风电 + 未审风电和光伏 + 储能充电 0.5	1611	1862	1860	2022	1418

2）Y 县供电区电力平衡。分别对 Y 县夏季大负荷、春季日间小负荷和春季夜间小负荷进行电力平衡。

Y 县夏季夜间大负荷方式下，考虑已投运和已审未投运风电 50% 出力，光伏 0 出力，Y 县 2025 年夏季日间电力缺额 746MW。Y 县夏季夜间大负荷电力平衡表见表 3–1–5。

表 3–1–5　Y 县夏季夜间大负荷电力平衡表　MW

项目	2022 年	2023 年	2024 年	2025 年	2030 年
1.Y 县夏季夜间大负荷	518	635	744	837	1074
2. 地方电厂装机	266	465	515	515	515
常规地方电厂	15	15	15	15	15
分布式光伏	251.2	450	500	500	500
3. 需网供负荷	511	628	737	830	1067
4. 装机容量	52	52	207	407	407
4.1 风电装机	52	52	152	352	352
其中：已投产	52	52	52	52	52
已审未投产			100	100	100
未审定			0	200	200
4.2 集中式光伏装机			55	55	55
其中：已投光伏			0	0	0
未审定光伏			55	55	55
5. 储能电站			23.4	113.4	113.4
独立共享储能			0	0	0
新能源配套储能			23.4	113.4	113.4
6. 全区电力盈亏					
6.1 计及已投光伏、已投风电、已审未投风电	–482	–599	–653	–746	–983
6.2 计及已投光伏、已投风电、已审未投风电 + 未审风电和光伏	–482	–599	–653	–636	–873
6.3 计及已投光伏、已投风电、已审未投风电 + 未审风电和光伏 + 储能放电 0.5	–482	–599	–641	–579	–816

Y 县夏季日间大负荷方式下，考虑已投运风电 50% 出力，光伏 80% 出力，Y 县 2025 年夏季日间电力缺额 478MW。Y 县夏季日间大负荷电力平衡表见表 3-1-6。

表 3-1-6　　Y 县夏季日间大负荷电力平衡表　　MW

项目	2022 年	2023 年	2024 年	2025 年	2030 年
1.Y 县夏季日间大负荷	502	616	722	812	1042
2. 地方电厂装机	266	465	515	515	515
常规地方电厂	15	15	15	15	15
分布式光伏	251	450	500	500	500
3. 需网供负荷	319	383	464	554	784
4. 装机容量	52	52	207	407	407
4.1 风电装机	52	52	152	352	352
其中：已投产	52	52	52	52	52
已审未投产	0	0	100	100	100
未审定	0	0	0	200	200
4.2 集中式光伏装机	0	0	55	55	55
其中：已投光伏	0	0	0	0	0
未审定光伏	0	0	55	55	55
5. 储能电站	0	0	23	113	113
独立共享储能	0	0	0	0	0
新能源配套储能	0	0	23	113	113
6. 全区电力盈亏					
6.1 计及已投光伏、已投风电、已审未投风电	−343	−357	−388	−478	−708
6.2 计及已投光伏、已投风电、已审未投风电 + 未审风电和光伏	−343	−357	−344	−334	−564
6.3 计及已投光伏、已投风电、已审未投风电 + 未审风电和光伏 + 储能放电 0.5	−343	−357	−332	−278	−508

Y 县春季日间小负荷方式下，考虑已投运风电 80% 出力，光伏 80% 出力，2025 年 Y 县电力盈余 145MW。Y 县春季日间小负荷电力平衡表见表 3-1-7。

表 3-1-7　　Y 县春季日间小负荷电力平衡表　　MW

项目	2022 年	2023 年	2024 年	2025 年	2030 年
1.Y 县春季日间小负荷	145	178	208	234	301
2. 地方电厂装机	266	465	515	515	515
常规地方电厂	15	15	15	15	15
分布式光伏	251	450	500	500	500
3. 需网供负荷	12	–55	–49	–23	43
4. 装机容量	52	52	207	407	407
4.1 风电装机	52	52	152	352	352
其中：已投产	52	52	52	52	52
已审未投产	0	0	100	100	100
未审定	0	0	0	200	200
4.2 集中式光伏装机	0	0	55	55	55
其中：已投光伏	0	0	0	0	0
未审定光伏	0	0	55	55	55
5. 储能电站	0	0	23	113	113
独立共享储能	0	0	0	0	0
新能源配套储能	0	0	23	113	113
6. 全区电力盈亏					
6.1 计及已投光伏、已投风电、已审未投风电	30	96	171	145	78
6.2 计及已投光伏、已投风电、已审未投风电 + 未审风电和光伏	30	96	215	349	282
6.3 计及已投光伏、已投风电、已审未投风电 + 未审风电和光伏 + 储能充电 0.5	30	96	203	292	226

Y 县春季夜间小负荷方式下，考虑已投运风电 85% 出力，2025 年 Y 县电力缺额 31MW。Y 县春季夜间小负荷电力平衡表见表 3-1-8。

表 3-1-8　　Y 县春季夜间小负荷电力平衡表　　MW

项目	2022 年	2023 年	2024 年	2025 年	2030 年
1.Y 县春季夜间小负荷	104	127	149	167	215
2. 地方电厂装机	266	465	515	515	515
常规地方电厂	15	15	15	15	15
分布式光伏	251	450	500	500	500
3. 需网供负荷	96	120	141	160	207
4. 装机容量	52	52	207	407	407
4.1 风电装机	52	52	152	352	352
其中：已投产	52	52	52	52	52
已审未投产	0	0	100	100	100
未审定	0	0	0	200	200
4.2 集中式光伏装机	0	0	55	55	55
其中：已投光伏	0	0	0	0	0
未审定光伏	0	0	55	55	55
5. 储能电站	0	0	23	113	113
独立共享储能	0	0	0	0	0
新能源配套储能	0	0	23	113	113
6. 全区电力盈亏					
6.1 计及已投光伏、已投风电、已审未投风电	−52	−75	−12	−31	−78
6.2 计及已投光伏、已投风电、已审未投风电 + 未审风电和光伏	−52	−75	−12	139	92
6.3 计及已投光伏、已投风电、已审未投风电 + 未审风电和光伏 + 储能充电 0.5	−52	−75	−24	83	35

3）220kV 变电站消纳空间分析。

a. 变电站 B。考虑已经审定新能源出力，主变压器功率因数按照 0.95 考虑，变电站 B 的 110kV 系统 2025 年可接纳新能源电力约 67MW，不能完全接纳该风电场出力。

变电站 B 新能源消纳空间分析见表 3-1-9。

表 3-1-9 变电站 B 新能源消纳空间分析

项目	2024 年	2025 年	2026 年	2027 年	2030 年
1. 主变压器容量（MVA）	180	360	360	360	360
2. 日间网供小负荷（MW）	42	42	42	42	42
3.110kV 系统已接入地方电厂容量（MW）	182	182	182	182	182
4. 地方电厂出力（MW）	141	141	141	141	141
5. 消纳能力（MW）	95	158	161	163	169
6. 储能电站（MW）	0	15	15	15	15
7.110kV 系统已审定新能源装机（MW）	130	130	130	130	130
8. 还可接纳新能源电力（MW）	–11	67	71	74	81

b. 变电站 C。考虑已经审定新能源出力，主变压器功率因数按照 0.95 考虑，变电站 C 的 110kV 系统 2025 年可接纳新能源电力约 157MW，能完全接纳该风电场出力。

变电站 C 新能源消纳空间分析见表 3–1–10。

表 3-1-10 变电站 C 新能源消纳空间分析

项目	2024 年	2025 年	2026 年	2027 年	2030 年
1. 主变压器容量（MVA）	360	360	360	360	360
2. 日间网供小负荷（MW）	–8	–14	–15	–13	–12
3.110kV 系统已接入地方电厂容量（MW）	167	167	167	167	167
4. 地方电厂出力（MW）	134	134	134	134	134
5. 消纳能力（MW）	163	157	156	158	159
6.110kV 系统已审定新能源装机（MW）	0	0	0	0	0
7. 还可接纳新能源电力（MW）	163	157	156	158	159

4. 接入系统方案拟定

（1）接入系统电压等级分析。

该项目装机容量 100MW，适合采用 110kV 及以上电压等级接入系统。结合风电场周边电网情况，本书主要针对风电场采用 110kV 及以上电压等级接入电网系统进行分析研究。

（2）送电导线截面选择。

针对该项目采用 110kV 及以上电压等级接入电网进行分析研究。常见相关型号导线输送能力见表 3-1-11。

表 3-1-11　　常见相关型号导线输送能力

导线型号	安全工作电流（A）	输送容量（MVA）
LGJ-300	690	106.5
LGJ-400	830	128
LGJ-2×240	1220	188
LGJ-2×300	1380	426

该项目若采用 110kV 等级并网，可选 LGJ-300 及以上导线进行并网，考虑电网实际发展情况，并留有适当裕度，建议该项目若采用 110kV 等级并网，并网线路型号选择 LGJ-2×240 导线；若采用 220kV 等级并网，并网线路型号选择 LGJ-2×300 导线。

（3）项目周边变电站简介。

该项目位于 O 市 Y 县东部。风电场升压站周边有 220kV 变电站 B、变电站 C，有 110kV 变电站 1 座，即变电站 D。

1）220kV 变电站 B。变电站 B 位于 Y 县东部，风电场升压站位于该变电站东北方向约 3km 处。变电站 B 主变压器规模 3×180MVA，现有主变压器 1×180MVA，电压等级 220kV/110kV/10kV；110kV 配电装置现为双母线接线，出线间隔规模 12 回，现出线 6 回，备用间隔 6 回。

2）110kV 变电站 D。变电站 D 位于 Y 县中部，风电场升压站位于该变电站东北方向约 15km 处。变电站 D 现有主变压器规模 40+50MVA，电压等级 110kV/35kV/10kV。110kV 配电装置为单母线分段接线，出线规模 4 回，现有 110kV 出线 2 回，分别至变电站 C、变电站 E 各 1 回、备用 2 回。

（4）拟定接入系统方案。

结合相关地区电网情况、该风场装机规模、周边站点情况，初步拟定三个风场接入系统方案：

1）方案一：该项目设一座 110kV 升压站，以 110kV 电压等级接入系统，出线 1

回接入变电站 B 的 110kV 侧，新建导线型号及长度为 LGJ-2×240/3.5km。风电场接入系统方案一示意图见图 3-1-1。

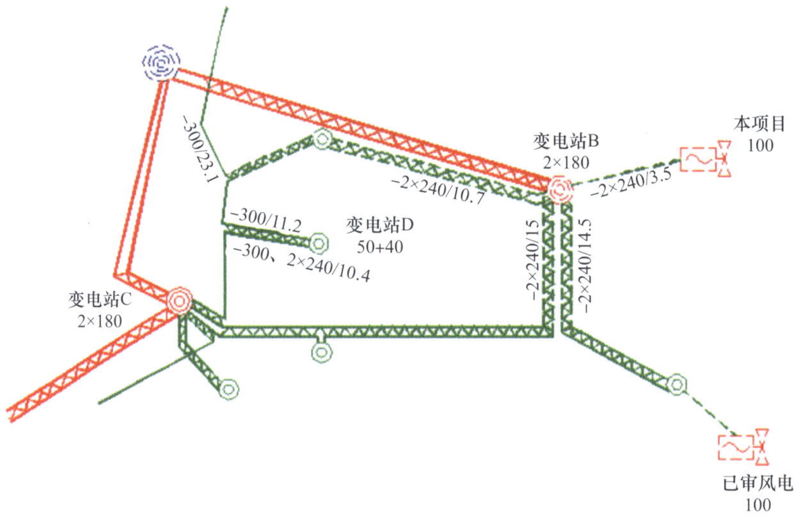

图 3-1-1　风电场接入系统方案一示意图

2）方案二：该项目设一座 110kV 升压站，以 110kV 电压等级接入系统，出线 1 回接入变电站 D 的 110kV 侧，新建导线型号及长度为 LGJ-2×240/15km。风电场接入系统方案二示意图见图 3-1-2。

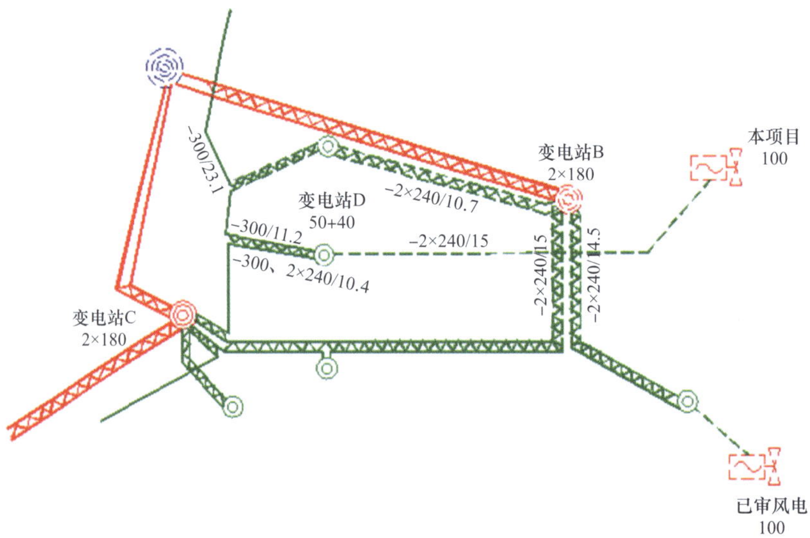

图 3-1-2　风电场接入系统方案二示意图

3）方案三：该项目设一座 220kV 升压站，以 220kV 电压等级接入系统，出线 1 回接入变电站 B 的 220kV 侧，新建导线型号及长度为 LGJ–2×300/3.5km。风电场接入系统方案三示意图见图 3–1–3。

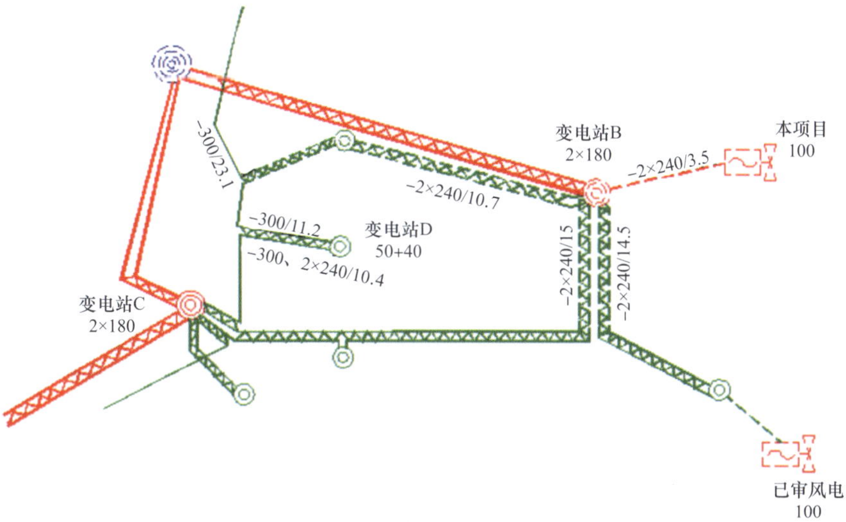

图 3–1–3 风电场接入系统方案三示意图

5. 方案经济技术比较

（1）潮流计算。

1）方案一：风电场接入变电站 B 的 110kV 侧，风电场所发电力在变电站 B 消纳部分电力后送往电网，相关主变压器及线路均满足 N–1 校核要求。

2）方案二：风电场接入变电站 D 的 110kV 侧，正常方式下，风电场所发电力在变电站 D 消纳部分电力后送往变电站 C 完全消纳，相关主变压器及线路均满足 N–1 校核要求。

3）方案三：风电场接入变电站 B 的 220kV 侧，相关主变压器及线路均满足 N–1 校核要求。

（2）短路电流计算。

通过分析上述相关站点短路电流和短路容量的计算，相关站点短路容量比均低于 10%，满足对风电场并网点短路容量比要求。

风电场并网点（升压站高压侧）的多场站短路比为 14.651；风电场发电单元（1.14kV 侧）的多场站短路比为 3.739，因此风电场接入交流系统为强系统，满足规程要求的新能源多场站短路比不低于 1.5 的要求。

（3）经济比较分析及推荐方案。

1）投资费用分析。对拟定各方案不同部分进行投资规模比较，110kV 线路 LGJ–2×240 按每千米 70 万元考虑，110kV 间隔按 100 万元 / 个考虑；220kV 线路 LGJ–2×300 按每千米 110 万元考虑，220kV 间隔按 200 万元 / 个考虑；仅比较各方案不同部分，风电场工程接入系统方案投资估算表见表 3–1–12。

表 3–1–12　风电场工程接入系统方案投资估算表　万元

投资	项目	方案一	方案二	方案三
系统侧投资	架空线路	–2×240/3.5km	–2×240/15km	–2×300/3.5km
	架空线路投资	280	1200	385
	系统侧间隔	1	1	1
	间隔投资	100	100	200
	投资合计	380	1300	585
	投资差额	0	920	205
风电场侧投资	风电场侧间隔	2	2	2
	间隔投资	200	200	400
	升压变压器投资	500	500	800
	合计	700	700	1200
	差额	0	0	500
总投资		1080	2000	1785
投资差额		0	920	705

由表 3–1–12 可以看出，方案一 110kV 电压等级接入，由于新建线路长度最短，投资最少，总投资较方案二、方案三分别减少 920 万、705 万元；方案二并网线路较长，投资最高；方案三并网线路长度同方案二，电压等级为 220kV，投资较方案一、方案二有所增加，系统侧和总投资居中，风电场侧投资最高。

2）接入方案分析及推荐方案。

a. 方案一：风电场接入变电站 B 的 110kV 侧，接线方式明确，所发电力在变电站 B 消纳。并网线路短，投资最省，网损费用居中，经济性较好。

b. 方案二：风电场接入变电站 D 的 110kV 侧，所发电力在变电站 C110kV 系统消纳，该方案并网线路最长，投资最高，网损费用最高，经济性一般；变电站 D 主供 Y 县城负荷，负荷较为稳定，该方案消纳条件较好；若同时考虑后续规划风电场接入变电站 D，则需要增容变电站 D 并网线路，进一步增加投资，经济性将更差。

c. 方案三：220kV 电压等级接入变电站 B，投资居中，网损费用最低，经济性较好。220kV 电压等级接入系统，短路容量高，可靠性高，该方案不占用变电站 B 的 110kV 系统接纳新能源空间，为后续规划新能源预留了接入条件，远期适应性好。

综上所述，方案三 220kV 电压等级接入变电站 B，投资居中，网损及并网线路损耗最低，经济性较好，且 220kV 电压等级接入有利于后续规划风电接入该区域电网，远期适应性较好。因此，推荐方案三作为风电项目 A 的接入系统方案，即风电场自建 1 座 220kV 升压站，出线 1 回，接入变电站 B 的 220kV 侧，新建线路导线型号及长度为 2×JL/GIA–300/3.5km。风电场本期配置储能系统容量为 40MW/80MWh。

6. 稳定性计算

（1）故障方式。

1）三相永久接地故障：风电场并网 220kV 线路故障，0.0s 故障，0.12s 两端三相跳开。

系统相关 220kV 线路故障，0.0s 故障，0.12s 线路两端三相跳开，不重合。

2）单相永久接地故障：220kV 线路 0.0s 故障，0.12s 单相跳开，1.12s 单相重合，1.24s 三相跳开。

3）同塔异名相单相永久接地故障：0.0s 故障，近远端线路断路器 0.12s 单相跳开，1.12s 单相重合，重合不成功，1.24s 双回线路三相跳开。

4）系统相关线路故障情况下，引起风电场升压站高压侧电压跌落至额定电压 20% 以下，风机零秒切出。

（2）相关线路故障时稳定计算结果。

相关线路故障稳定计算结果如表 3–1–13。

表 3–1–13　　风电场相关线路故障稳定计算结果

故障点	计算结果	对风电机组要求
风电场—变电站 B220kV 线路变电站 B 侧三相故障	电网保持稳定	允许风电机组全部切出
500kV 变电站—变电站 B220kV 线路 500kV 变电站侧三相故障	电网保持稳定	允许风电机组全部切出

续表

故障点	计算结果	对风电机组要求
500kV 变电站—变电站 B220kV 线路变电站 B 侧三相故障	电网保持稳定	允许风电机组全部切出
500kV 变电站—变电站 B220kV 线路 500kV 变电站侧单相故障	风机与电网均保持稳定	应具备相应的低电压穿越能力
潞南变电站—变电站 B220kV 线路变电站 B 侧单相故障	风机与电网均保持稳定	应具备相应的低电压穿越能力
500kV 变电站—变电站 B220kV 线路变电站 B 侧同塔异名相故障	电网保持稳定	风电机组全部切出
500kV 变电站—变电站 B220kV 线路 500kV 变电站侧同塔异名相故障	电网保持稳定	风电机组全部切出

由计算结果可知，相关线路故障时，接入系统方案在继电保护装置及断路器正确动作故障线路正常跳开的情况下，系统侧均无电压稳定问题。

7. 推荐方案调压计算

该风电场升压变主变压器容量 120MVA，电压组合为 230±8×1.25%/37kV、U_d%=12.5%，箱式变压器为无载调压变压器，电压组合为 37±2×2.5%/0.69kV、U_d=8.0%。

该风电项目以推荐方案接入电网后，在风电场最大出力时，升压站内主变压器的无功损耗为 11.0Mvar，风电场内汇集线路的无功损耗之和为 5.0Mvar，各箱式变压器的无功损耗之和为 9.5Mvar，风电场至变电站 D 线路无功损耗的一半为 0.2Mvar，风电场的无功损耗之和约为 25.5Mvar，考虑预留一些补偿裕度，该 100MW 风电场应配置的容性无功补偿容量应不小于 26Mvar。

8. 结论及建议

风电场接入系统推荐方案：风电场内设 220kV 升压站，出线 1 回接入变电站 B 的 220kV 侧，新建线路长度 3.5km，导线截面为 2×300mm^2。风电场本期配置储能系统容量为 40MW/80MWh。

无功补偿：为适应系统和风电场风速变化等多种运行方式，建议风电场本期配置 ±26Mvar 动态无功补偿装置，以适应系统和风电场风速变化等多种运行方式。

风电场本期配置 1 台三相双绕组有载调压变压器，主变压器参数选择为 230±8×1.25%/37kV，主变压器容量 120MVA。箱式变压器采用无载调压变压器，电压组合为 37±2×2.5%/0.69kV。升压站 220kV 侧为单母线接线，35kV 侧为单母线接线。

风电场应提供可用于电网仿真计算的风电机组、风电场汇集系统、无功补偿装置等设备及风电机组/风电场控制系统模型及参数，用于风电场接入电网的规划设计及调度运行。

风电场所接入公共连接点的谐波注入电流应满足《电能质量 公用电网谐波》（GB/T 14549）、《电能质量 公用电网间谐波》（GB/T 24337）的要求，其中风电场向电网注入的谐波电流允许值应按照风电场装机容量与公共连接点的发/供电设备总容量之比进行分配。风电场接入后，引起并网点的间谐波应满足《电能质量 公用电网间谐波》（GB/T 24337）的要求。

风电场接入后，引起并网点的电压不平衡度应满足《电能质量 三相电压不平衡》（GB/T 15543）的要求；引起并网点的电压偏差应满足《电能质量 供电电压偏差》（GB/T 12325）的要求。风电场接入电网后的电压偏差、闪变及谐波需结合风电场实际接入情况，必要时应通过风电场接入电网电能质量专题研究来评估。

风电场应配置电能质量监测设备应满足《电能质量监测设备通用要求》（GB/T 19862）的要求，以实时监测风电场电能质量指标是否满足要求；若不满足要求，风电场需安装电能质量治理设备，以确保风电场合格的电能质量。

并列点及人工解列点：并列点设在风电场并网线路的风电场侧，人工解列点设在并网线路的系统侧。

为满足风电场自身以及电网运行安全，风电场接入系统还应满足功率控制和电压调节要求、电网异常时的响应特性要求、安全与保护要求、通用技术要求、通信与信号要求等。

风电场应向电力系统调度机构提供风电场接入电网测试与验证报告；当风电场扩容后，应重新提交测试与验证报告。

风电场在申请接入电网测试与验证前需向电力系统调度机构提供风电机组及风电场的模型、参数和控制系统特性等资料。

风电场接入电网测试与验证由具备相应资质的机构进行，并在测试与验证前一个月将测试与验证方案上报所接入地区的电力系统调度机构备案。

风电场应当在全部机组并网调试运行后 6 个月内向电力系统调度机构提供有关风电场运行特性的测试与验证报告。

案例二：与相邻场站打捆接入220kV电网的案例分析

项目案例：LZ市100MW风电场

方案分类：项目周边站点电力平衡分析及消纳空间分析，110kV电网已无消纳空间，需接入220kV电网。项目新建升压站，接入邻近新能源场站升压站，打捆接入220kV电网。

1. 项目概况

风电项目T位于LZ市CD镇境内南部，总装机容量100MW，同时配套建设55MW/110MWh储能设施，预计2024年12月首台风电机组并网，2025年3月所有风电机组并网发电。配套储能设施与风电场同期投产。

风电场年上网发电量为18580×10^4kWh，年等效满负荷利用小时为1858h。该风电场风功率密度等级为D–1级，该风电场选择永磁直驱风机，单机额定功率4MW，切入风速2.5m/s，额定风速8.5m/s，切出风速20m/s。

2. 周边电力系统概况

2022年LZ市最大负荷达到867MW，同比增长21.9%，全社会用电量31.89×10^8kWh，同比增长–2.7%。

截至2022年年底，LZ市境内有220kV公用变电站3座，变电总容量1200MVA，即变电站H（2×180MVA）、变电站L（3×240MVA）、变电站G（2×150MVA）；共有110kV公用变电站13座，变电容量934MVA。

截至2022年年底，LZ市统调电厂11座，总装机容量1029.1MW，地方及企业自备电厂4座，装机容量142.1MW。10kV及以下分布式光伏装机共有2座，总装机容量308.8MW。

3. 电力平衡分析

（1）风电场出力特性。

根据LZ市已投运风电场2022年全年出力数据，风电场不高于95%出力概率出力系数结果见表3–2–1。

表 3-2-1　　风电场不高于 95% 出力概率出力系数结果表

时段	出力系数
春季日间	0.83
春季夜间	0.93
夏季日间	0.73
夏季夜间	0.81
秋季日间	0.76
秋季夜间	0.77
冬季日间	0.78
冬季夜间	0.82

（2）负荷特性。

LZ 市最大负荷出现在 6 月，最小负荷出现在 8～9 月，另外冬季春节期间也呈现明显的小负荷特性。

LZ 地区夏季大负荷出现在夜间 24 时左右，约 739MW。日间大负荷出现在 8 时左右，约 566MW，为夜间大负荷的 77%。

LZ 地区春季晚间小负荷出现在 17 时左右，约 440MW；春季日间小负荷出现在 13～14 时，约 233MW。春季夜间大负荷约 610MW，出现在凌晨 4～5 时。

LZ 地区冬季晚间小负荷出现在凌晨 2 时左右，约 338MW；冬季日间小负荷出现在 14 时左右，约 179MW。

（3）电力平衡原则。

1）平衡年份选择 2022～2030 年。

2）该项目全部机组并网时间为 2024 年年底，平衡中该项目按照 2025 年投运进行考虑。

3）分别对 LZ 市夏季夜间大负荷、冬季夜间小负荷、冬季日间小负荷进行平衡。

4）LZ 市冬季日间小负荷按照年最大负荷的 0.38 考虑，冬季夜间小负荷按照年最大负荷的 0.65 考虑。

5）统调电厂的厂用电取 8%，夏季大负荷，火电机组满出力，自备电厂的出力考虑 50%；生物质及垃圾电厂按照 50% 出力考虑。冬季日间低谷负荷，火电机组参与调峰，按最小出力考虑。

6）新能源出力方面，光伏日间 0.8，夜间 0，风电出力系数表见表 3-2-2。

表 3-2-2　　风电出力系数表

时段	出力系数
夏季日间	0.4
冬季日间	0.7
冬季晚间	0.8

（4）电力平衡结果。

1）LZ 市供电区电力平衡结果。分别对 LZ 市夏季大负荷、冬季日间小负荷和冬季夜间小负荷进行电力平衡。

LZ 市供电区夏季大负荷方式下，2025 年，在火电机组全出力，计及新能源出力情况下，LZ 市电网电力盈余 221MW。LZ 市夏季大负荷电力平衡见表 3-2-3。

表 3-2-3　　LZ 市夏季大负荷电力平衡　　MW

项目	2022 年	2023 年	2024 年	2025 年	2030 年
1. 年度最大负荷	770	840	890	950	1180
2. 地方电源装机	407	480	572	645	645
2.1 地方小电源	145	145	165	165	165
2.2 分布式光伏装机	262	335	407	480	480
3. 夏季夜间网供最大负荷	739	768	808	868	1098
4. 电源装机	1180	1180	1280	1330	1330
4.1 火力发电（220kV）	700	700	700	700	700
4.2 集中式光伏	332	332	332	332	332
4.3 已核准风电	148	148	148	148	148
5. 电源出力	969	969	1009	1089	1089
5.1 火力发电（220kV）	644	644	644	644	644
5.2 光伏	265	265	265	265	265
5.3 已核准风电	59	59	59	59	59

续表

项目	2022 年	2023 年	2024 年	2025 年	2030 年
6. LZ 市电网电力盈亏					
6.1 火电全出力，不计新能源出力	−95	−124	−164	−224	−454
6.2 火电机组 20% 旋备，不计新能源出力	34	5	−35	−95	−325
6.3 火电全出力，新能源特性出力	230	201	201	221	−9

LZ 市供电区冬季日间小负荷方式下，2025 年，计及各类电源出力且火电最小出力方式下，LZ 市电网电力盈余 727MW；计及各类电源出力且火电机组深度调峰 0.4 出力方式下，则 LZ 市电网电力盈余 598MW。LZ 市冬季日间小负荷电力平衡见表 3–2–4。

表 3–2–4　LZ 市冬季日间小负荷电力平衡　MW

项目	2022 年	2023 年	2024 年	2025 年	2030 年
1. 年度最大负荷	770	840	890	950	1180
2. 夏季网供最大负荷	739	768	808	868	1098
3. 冬季日间网供小负荷	177	184	194	208	263
4. 电源装机	1180	1180	1280	1430	1430
4.1 火力发电（220kV）	700	700	700	700	700
4.2 集中式光伏	332	332	332	332	332
4.3 已核准风电	148	148	148	148	148
5. 电源出力	755	755	825	935	935
5.1 火力发电（220kV）	386	386	386	386	386
5.2 光伏	265	265	265	265	265
5.3 已核准风电	104	104	104	104	104
6.L Z 电网电力盈亏					
6.1 不计新能源出力	209	202	193	178	123
6.2 新能源特性出力	578	571	632	727	672
6.3 火电机组深调峰 0.4 出力	449	442	503	598	543

LZ 市供电区冬季夜间小负荷方式下，2025 年，在计及所有各电压层级各类电源且采暖机组最小出力方式下，LZ 市电网电力盈余 266MW。计及各类电源出力且火电机组深度调峰 0.4 出力方式下，则 LZ 市电网电力缺额 137MW。LZ 市冬季夜间小负荷电力平衡见表 3–2–5。

表 3–2–5　　LZ 市冬季夜间小负荷电力平衡表　　MW

项目	2022 年	2023 年	2024 年	2025 年	2030 年
1. 年度最大负荷	739	840	890	950	1180
2. 夏季网供最大负荷	340	768	808	868	1098
3. 冬季夜间网供小负荷	739	353	372	399	505
4. 电源装机	1180	1180	1280	1430	1430
4.1 火力发电（220kV）	700	700	700	700	700
4.2 集中式光伏	332	332	332	332	332
4.3 已核准风电	148	148	148	148	148
5. 电源出力	505	505	585	665	665
5.1 火力发电（220kV）	386	386	386	386	386
5.2 光伏	0	0	0	0	0
5.3 已核准风电	118	118	118	118	118
6.LZ 电网电力盈亏					
6.1 不计新能源出力	66	33	15	–13	–118
6.2 新能源特性出力	184	152	213	266	160
6.3 灵活形改造后机组可深调峰（0.40）	55	23	85	137	31

2）220kV 变电站消纳空间分析。

a. 变电站 H。考虑已经审定新能源出力，主变压器功率因数按照 0.95 考虑，变电站 H110kV 系统 2025 年可接纳新能源电力约 18MW，不能接纳该风电场全部出力。变电站 H 新能源消纳空间分析见表 3–2–6。

表 3–2–6　　变电站 H 新能源消纳空间分析

项目	2022 年	2023 年	2024 年	2025 年
主变压器容量（MVA）	180+180	180+180	180+180	180+180
日间小负荷（MW）	23	24	25	26

续表

项目	2022 年	2023 年	2024 年	2025 年
110kV 系统已接入小电厂容量（MW）			0	0
小电厂出力（MW）	0	0	0	0
消纳能力（MW）	194	195	196	197
110kV 系统已审定新能源装机（MW）	238	238	238	238
还可接纳新能源电力（MW）	15	16	17	18

b. 变电站 G。考虑已经审定新能源出力，主变压器功率因数按照 0.95 考虑，变电站 G110kV 系统 2025 年可接纳新能源电力 77MW，不能接纳本风电场全部出力。变电站 G 新能源消纳空间分析见表 3-2-7。

表 3-2-7　变电站 G 新能源消纳空间分析

项目	2022 年	2023 年	2024 年	2025 年
主变压器容量（MVA）	150+150	150+150	150+150	150+150
日间网供小负荷（MW）	42	46	41	44
110kV 系统已接入小电厂容量（MW）	20	20	20	20
小电厂出力（MW）	16	16	16	16
消纳能力（MW）	163	167	162	165
110kV 系统已审定新能源装机（MW）	110	110	110	110
还可接纳新能源电力（MW）	75	79	74	77

4. 接入系统方案拟定

（1）接入系统电压等级分析。

该项目装机容量 100MW，周围 220kV 变电站的 110kV 系统无法接纳该风电场全部出力，因此比较适合采用 220kV 及以上电压等级接入系统。结合风电场周边电网情况，本书主要针对风电场采用 220kV 电压等级接入电网系统进行分析研究，同时对比分析风电场接入 110kV 电网，并扩建一台 220kV 主变压器的方案。

（2）送电导线截面选择。

针对该项目采用 110kV 或 220kV 电压等级接入电网进行分析研究。常见相关架空导线输送能力见表 3-2-8。

表 3-2-8　　常见相关架空导线输送能力

电压等级（kV）	导线型号	安全工作电流（A）	持续极限输送容量（MVA）
110	LGJ-300	690	106.5
	LGJ-400	830	128
	LGJ-2×240	1220	188
220	LGJ-2×185	1030	315
	LGJ-2×300	1380	426
	LGJ-2×400	1660	512

若该项目采用 220kV 等级并网，根据经济输送容量与极限输送容量，可选 LGJ-2×185 及以上导线进行并网，考虑电网实际发展情况，并留有适当裕度，建议该项目并网线路型号选择 LGJ-2×300 导线。

该项目采用 110kV 等级并网，根据经济输送容量与极限输送容量，可选 LGJ-300 及以上导线进行并网，考虑电网实际发展情况，并留有适当裕度，建议该项目并网线路型号选择 LGJ-2×240 导线。

（3）项目周边变电站简介。

该项目位于 LZ 市南部。风电场升压站周边有 220kV 变电站 H、变电站 G。

1）220kV 变电站 H。变电站 H 位于 LZ 市南部，风电场升压站位于该变电站东北方向约 6.4km 处。变电站 H 主变压器规模 3×180MVA，现有主变压器 1×180MVA，二期扩建工程目前在建；220kV 规划出线规模为 6 回，现状出线 4 回，备用出线 2 回。备用出线方向已定，1 回至 220kV 规划公用变电站，1 回至位于 LZ 市南部的 YN 风电场。

2）其他 220kV 变电站。变电站 G 位于 LZ 市中部，风电场升压站距离变电站 G 直线距离 31km。220kV 规划出线规模为 4 回，现状出线 4 回，无扩建条件。根据前文分析，变电站 G110kV 系统也无足够接纳空间。因此不考虑接入变电站 G。

变电站 L 位于 LZ 市中北部，风电场升压站距离变电站 L 直线距离 36km。220kV 规划出线规模为 8 回，现状出线 7 回，备用出线 1 回。变电站 L 距离升压站距离过远，因此不考虑接入变电站 L。

3）YN 风电场。YN 风电场位于 LZ 市南部，全部风机投产时间为 2024 年 6 月。

其升压站距离该项目升压站直线距离为 20km。

YN 风电场自建 220kV 升压站，通过新建 1 回 220kV 线路接入 220kV 变电站 H，线路长度约 11km，考虑为 LZ 市南部后续新能源接入预留条件，导线截面积选用 $2\times300m^2$，导线允许运行温度按 80℃设计。变电站 H 扩建 1 个 220kV 出线间隔。

YN 风电场升压站本期安装 1 台主变压器，采用有载调压变压器，电压等级 220kV/35kV。升压站内 220kV 主接线采用单母线接线，规划 220kV 出线 2 回，本期出线 1 回。

4）变电站 C 至变电站 D110kV 线路。变电站 C 至变电站 D 110kV 线路导线型号为 LGJ–300，长度为 15.1km。线路允许载流量为 110MW。线路目前在建，预计 2024 年 12 月投运。

（4）拟定接入系统方案。

结合相关地区电网情况、该风电场装机规模、周边站点情况，初步拟定两个风电场接入系统方案。

1）方案一：本项目设一座 220kV 升压站，以 220kV 电压等级接入系统，出线 1 回接入 YN 风电场升压站 220kV 侧，新建导线型号及长度为 LGJ–2×300/24km。风电场接入系统方案一示意图见图 3–2–1。

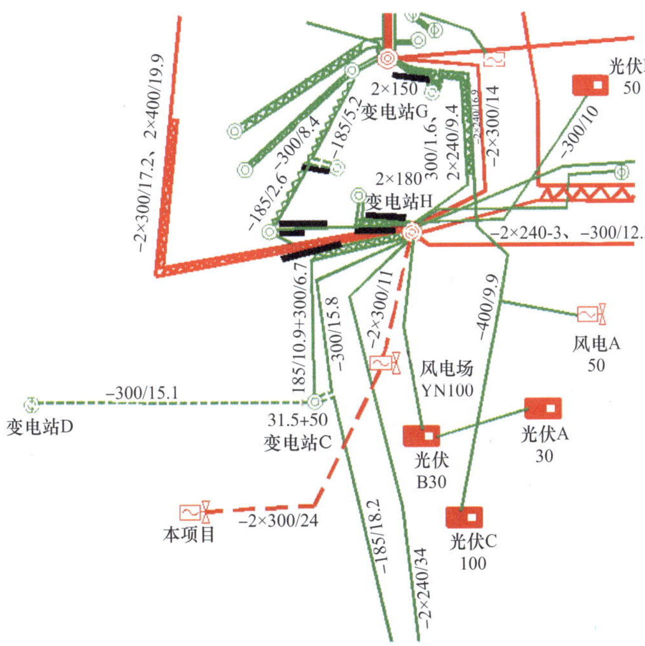

图 3–2–1　风电场接入系统方案一示意图

2）方案二：该项目设一座 110kV 升压站，以 110kV 电压等级接入系统，出线 1 回 T 接变电站 C 至变电站 D 的线路，T 接导线型号为 LGJ–400，长度为 12km。为满足该项目消纳，变电站 H 扩建一台 180MVA 主变压器。风电场接入系统方案二示意图见图 3–2–2。

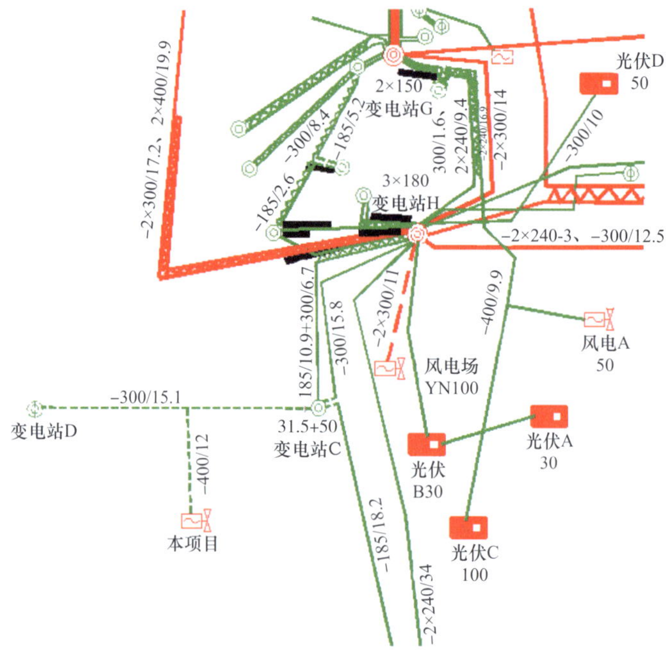

图 3–2–2　风电场接入系统方案二示意图

5. 方案经济技术比较

（1）潮流计算。

1）方案一：风电场接入风电场升压站 YN 的 220kV 侧，与风电场 YN 一起“打包”接入变电站 H。风电场所发电力在变电站 H 消纳部分电力，通过外送断面送往区域电网，相关主变压器及线路均满足 *N*–1 校核要求。

2）方案二：风电场 T 接入变电站 C 至变电站 D 的 110kV 线路，正常方式下，风电场所发电力在变电站 D 消纳部分电力后送往变电站 C 消纳，剩余电力通过变电站 H 主变压器“上翻”至 220kV 电网，送往区域电网消纳，相关主变压器及线路均满足 *N*–1 校核要求。

（2）短路电流计算。

通过分析上述相关站点短路电流和短路容量的计算，相关站点短路容量比均低于

10%，满足对风电场并网点短路容量比要求。

（3）经济比较分析及推荐方案。

1）投资费用分析。对拟定各方案不同部分进行投资规模比较，220kVLGJ-2×300 单回线路按照 100 万元 /km 计算，220kV 间隔按照 100 万元 / 个计算，110kV LGJ-400 单回线路按照 80 万元 /km 计算；仅比较各方案不同部分，风电场工程接入系统方案投资估算表见表 3-2-9。

表 3-2-9 风电场工程接入系统方案投资估算表 万元

项目		方案一	方案二
电网侧投资	并网线路型号长度	LGJ-2×300/24	LGJ-400/12
	并网线路投资	2400	960
	扩建主变压器投资	0	1500
	线路改造投资	0	0
	出线间隔投资	100	0
	投资合计	2500	2460
风电场投资	升压站投资	2000	1500
	总投资合计	4500	3960

由表 3-2-9 可以看出，方案一较方案二多投资 540 万元。

2）接入方案分析及推荐方案。该项目就近接入 LZ 市电网，两个方案均可满足风电场接入需求。

a. 方案一：风电场与其他风电场共同接入变电站 H，电网结构清晰，为区域后续新能源项目的接入 110kV 及以下等级电网预留了发展空间。

b. 方案二：风电场 T 接变电站 C 至变电站 D 的 110kV 线路，投资较小。变电站 C 至变电站 D 的 110kV 线路型号基本可满足风电场的送出需求，由于变电站 D 至变电站 H 的 110kV 变电站 C 的主供线路含有 LGJ-185 线路型号，存在风电场限出力的风险。风电场 T 接本线路，降低了原电网结构的可靠性，并且增加了运行的复杂性。该项目接入 110kV 电网，区域后续分布式新能源接入电网空间大大缩小。

综合以上分析，推荐方案一作为风电项目 T 的接入系统方案，即该项目设 1

座 220kV 升压站，以 220kV 电压等级接入系统，出线 1 回接入 YN 风电场升压站 220kV 侧，新建导线型号为 LGJ–2×300，长度为 24km。

6. 稳定性计算

（1）故障方式。

1）三相永久接地故障：风电场并网 220kV 线路故障，0.0s 故障，0.12s 两端三相跳开。

系统相关 220kV 线路故障，0.0s 故障，0.12s 线路两端三相跳开，不重合。

2）单相永久接地故障：220kV 线路 0.0s 故障，0.12s 单相跳开，1.12s 单相重合，1.24s 三相跳开。

3）同塔异名相单永接地故障：0.0s 故障，近远端线路断路器 0.12s 单相跳开，1.12s 单相重合，重合不成功，1.24s 双回线路三相跳开。

4）系统相关线路故障情况下，引起风电场升压站高压侧电压跌落至额定电压 20% 以下，风机 0s 切出。

（2）相关线路故障时稳定计算结果。

相关线路故障稳定计算结果见表 3–2–10。

表 3–2–10　　相关线路故障稳定计算结果

故障点	计算结果	对风电机组要求
风电场—变电站 H 220kV 线路变电站 H 侧三相故障	电网保持稳定	允许风电机组全部切出
500kV 变电站—变电站 H 220kV 线路 500kV 变电站侧三相故障	电网保持稳定	允许风电机组全部切出
500kV 变电站—变电站 H 220kV 线路变电站 H 侧三相故障	电网保持稳定	允许风电机组全部切出
500kV 变电站—变电站 H 220kV 线路 500kV 变电站侧单相故障	风机与电网均保持稳定	应具备相应的低电压穿越能力
500kV 变电站—变电站 H 220kV 线路变电站 H 侧单相故障	风机与电网均保持稳定	应具备相应的低电压穿越能力

由计算结果可知，相关线路故障时，接入系统方案在继电保护装置及断路器正确动作故障线路正常跳开的情况下，系统侧均无电压稳定问题。

7. 推荐方案调压计算

升压站主变压器容量 150MVA，电压组合为 230±8×1.25%/37kV、U_d%=12.5%，箱式变压器为无载调压变压器，电压组合为 37±2×2.5%/0.69kV、U_d=8.0%。

该风电项目以推荐方案接入电网后，在风电场最大出力时，升压站内主变压器的无功损耗为 10.5Mvar，风电场内汇集线路的无功损耗之和为 6.9Mvar，各箱式变压器的无功损耗之和为 6.36Mvar，风电场全变电站 H 的线路无功损耗的一半为 1.71Mvar，以上无功损耗之和约为 25.47Mvar，考虑预留一些补偿裕度，该风电场应配置的容性无功补偿容量应不小于 26Mvar。

8. 结论及建议

风电场接入系统推荐方案：风电场内设 220kV 升压站，出线 1 回接入 YN 风电场升压站 220kV 侧，新建线路长度 24km，导线截面为 2×300mm^2。风电场本期配置储能系统容量 55MW/110MWh。

无功补偿：为适应系统和风电场风速变化等多种运行方式，建议风电场内本期配置±26Mvar 动态无功补偿装置（采用静止无功发生器），以适应系统和风电场风速变化等多种运行方式。

风电场本期配置 1 台三相双绕组有载调压变压器，主变压器参数选择为 230±8×1.25%/37kV，主变压器容量 150MVA。箱式变压器采用无载调压变压器，电压组合为 37±2×2.5%/0.69kV。升压站 220kV 侧为单母线接线，35kV 侧为单母线接线。

风电场应提供可用于电网仿真计算的风电机组、风电场汇集系统、无功补偿装置等设备及风电机组/风电场控制系统模型及参数，用于风电场接入电网的规划设计及调度运行。

风电场所接入公共连接点的谐波注入电流应满足《电能质量 公用电网谐波》（GB/T 14549）、《电能质量 公用电网间谐波》（GB/T 24337）的要求，其中风电场向电网注入的谐波电流允许值应按照风电场装机容量与公共连接点的发/供电设备总容量之比进行分配。风电场接入后，引起并网点的间谐波应满足《电能质量 公用电网间谐波》（GB/T 24337）的要求。

风电场接入后，引起并网点的电压不平衡度应满足《电能质量 三相电压不平衡》（GB/T 15543）的要求；引起并网点的电压偏差应满足《电能质量 供电电压偏差》（GB/T 12325）的要求。风电场接入电网后的电压偏差、闪变及谐波需结合风电场实际接入情况，必要时应通过风电场接入电网电能质量专题研究来评估。

风电场应配置电能质量监测设备应满足《电能质量监测设备通用要求》（GB/T 19862）的要求，以实时监测风电场电能质量指标是否满足要求；若不满足要求，风电场需安装电能质量治理设备，以确保风电场合格的电能质量。

并列点及人工解列点：并列点设在风电场并网线路的风电场侧，人工解列点设在并网线路的系统侧。

为满足风电场自身以及电网运行安全，风电场接入系统还应满足功率控制和电压调节要求、电网异常时的响应特性要求、安全与保护要求、通用技术要求、通信与信号要求等。

风电场应向电力系统调度机构提供风电场接入电网测试与验证报告；当风电场扩容后，应重新提交测试与验证报告。

风电场在申请接入电网测试与验证前需向电力系统调度机构提供风电机组及风电场的模型、参数和控制系统特性等资料。

风电场接入电网测试与验证由具备相应资质的机构进行，并在测试与验证前一个月将测试与验证方案上报所接入地区的电力系统调度机构备案。

风电场应当在全部机组并网调试运行后6个月内向电力系统调度机构提供有关风电场运行特性的测试与验证报告。

案例三：接入相邻升压站的案例分析

项目案例： Z县SYTR风电项目

方案分类： 结合项目周边站点电力平衡分析及消纳空间分析，110kV电网已无消纳空间，需接入220kV电网。项目不再新建升压站，接入邻近新能源场站升压站35kV侧，打捆接入220kV电网。

1. 项目概况

SYTR风电项目位于B市Z县西北部，总装机容量40MW，2024年9月首台风电机组并网，2024年12月所有风电机组并网发电。

风电场年上网发电量约0.9947×10^8kWh，年等效满负荷利用小时数为2487h。该风电场风功率密度等级为D–1级，该风电场选择双馈异步风机，单机额定功率5MW，切入风速2.5m/s，额定风速10.7m/s，切出风速20m/s。

2. 周边电力系统概况

2022 年 Z 县最大负荷达到 869MW，同比增长 8.08%，全社会用电量 38.56×10^8kWh，同比增长 -4.1%。

截至 2022 年年底，Z 县境内有 220kV 公用变电站 3 座，变电总容量 1020MVA，即 JZ 变电站（2×150MVA）、SJ 变电站（2×180MVA）、XD 变电站（2×180MVA）；共有 110kV 公用变电站 20 座，变电容量 1409.5MVA。

截至 2022 年年底，Z 县常规统调电源装机容量 2020MW，共有风电装机总容量 168MW，共有光伏装机总容量 383.3MW。

3. 电力平衡分析

（1）风电场出力分析。

根据 B 市已并网的 80MW 风电项目出力数据，夏季大负荷时风电小发，在冬、春季节小负荷风电大发；日间风电出力较小，夜间风电出力较大。B 市风电场不高于 95% 出力概率出力系数结果表见表 3-3-1。

表 3-3-1　　B 市风电场不高于 95% 出力概率出力系数结果表

季节	时间	出力系数
春季	白天	0.74
	夜间	0.78
夏季	白天	0.4
	夜间	0.44
秋季	白天	0.68
	夜间	0.7
冬季	白天	0.69
	夜间	0.75

（2）负荷特性。

1）B 市负荷特性分析。2022 年，B 市 6～8 月份负荷相对较大，2 月份负荷相对较小。全年负荷高峰出现在 5 月下旬，全年负荷低谷出现在 2 月上旬。年最大负荷为 3238MW。

2022 年 B 市夏季大负荷出现在 21～22 时时段，夜间大负荷为 3238MW，低谷负荷出现在 7～8 时时段。

2022 年 B 市秋季典型日日间小负荷为 870MW，约为年最大负荷的 6.3%；夜间小负荷为769MW，约为年最大负荷的23.3%。

2）Z县负荷特性分析。2022年，Z县6月份负荷相对较大，年最大负荷为870.6MW。

2022年Z县夏季大负荷日，夜间大负荷为870.6MW，约为年最大负荷的100%；日间大负荷为631.5MW，约为年最大负荷的72.5%。

2022年Z县秋季典型日日间小负荷为233.9MW，约为年最大负荷的26.9%；夜间小负荷为201.1MW，约为年最大负荷的23.1%。

综上所述，Z县秋季日间小负荷按全年最大负荷的27%考虑，夜间小负荷按全年最大负荷的23%考虑。

3）220kV SJ变电站负荷特性分析。2022年220kV SJ变电站7、8、11月负荷相对较大。

SJ变电站夏季大负荷出现在18时左右，最大负荷为309MW。

SJ变电站秋季典型日大负荷日间低谷负荷约为20.5MW，约为年最大负荷的6.7%。

（3）电力平衡原则。

1）平衡年份选择2022～2030年。

2）该项目全部机组并网时间为2024年12月，平衡中该项目按照2024年年底投运进行考虑。

3）分别对Z县夏季夜间大负荷、秋季夜间小负荷、秋季日间小负荷进行平衡。

4）Z县秋季日间小负荷按照年最大负荷的0.27考虑，秋季夜间小负荷按照年最大负荷的0.23考虑。

5）统调电厂即Z县LG电厂（非供热）的厂用电取8%，夏季大负荷，火电机组满出力，自备电厂的出力考虑50%；生物质及垃圾电厂按照50%出力考虑。秋季小负荷，Z县LG电厂（非供热）机组考虑停1台机，按最小出力考虑。

6）新能源出力方面，光伏日间出力按照80%、夜间出力按照0%。风电出力系数表见表3-3-2。

表3-3-2 风电出力系数表

时段	出力系数
夏季日间	0.4
夏季夜间	0.44

续表

时段	出力系数
秋季日间	0.68
秋季夜间	0.7

（4）电力平衡结果。

1）B 市供电区电力平衡。分别对 B 市供电区夏季日间大负荷、夏季夜间大负荷、秋季日间小负荷和秋季夜间小负荷进行电力平衡。

B 市供电区夏季日间大负荷方式下，计及已投运及已审定风电、光伏出力，2025 年电力缺额 501MW，220kV 层面电力缺额 1716MW。B 市供电区夏季日间大负荷电力平衡表见表 3–3–3。

表 3–3–3　　B 市供电区夏季日间大负荷电力平衡表　　MW

项目	2022 年	2023 年	2024 年	2025 年	2030 年
1. 全社会最大供电负荷	3000	3192	3396	3613	4611
2. 地方及企业自备电厂装机（0.5）	432	432	432	432	432
3. 网供负荷	2784	2976	3180	3397	4395
4. 统调火电装机					
4.1 统调火电装机容量	2440	2440	2440	2440	2440
火电满发，出力系数 0.92	2245	2245	2245	2245	2245
4.2 220kV 层面统调火电装机容量	1120	1120	1120	1120	1120
火电满发，出力系数 0.92	1030	1030	1030	1030	1030
5. 光伏装机（出力系数 0.8）	465	465	465	465	465
光伏出力	372	372	372	372	372
6. 风电装机（出力系数 0.4）	598	698	698	698	698
风电出力	239	279	279	279	279
7. 电厂供电能力					
不计风电、光伏	2245	2245	2245	2245	2245
计及风电、光伏	2856	2896	2896	2896	2896
8.220kV 及以下层面电厂供电能力					

续表

项目	2022年	2023年	2024年	2025年	2030年
不计风电、光伏	1030	1030	1030	1030	1030.4
计及风电、光伏	1641	1681	1681	1681	1681
9. 电力盈亏					
不计风电、光伏	−539	−731	−935	−1152	−2150
计及风电、光伏	72	−80	−284	−501	−1499
10.220kV 层面电力盈亏					
不计风电、光伏	−1754	−1946	−2150	−2367	−3364.6
计及风电、光伏	−1143	−1295	−1499	−1716	−2714

B市供电区夏季夜间大负荷方式下，计及已投运及已审定风电、光伏出力，2025年电力缺额1160MW，220kV层面电力缺额2375MW。B市供电区夏季夜间大负荷电力平衡表见表3-3-4。

表3-3-4　B市供电区夏季夜间大负荷电力平衡表　MW

项目	2022年	2023年	2024年	2025年	2030年
1. 全社会最大供电负荷	3287	3445	3665	3900	4977
2. 地方及企业自备电厂装机（0.5）	432	432	432	432	432
3. 网供负荷	3022	3229	3449	3684	4761
4. 统调火电装机					
4.1 统调火电装机容量	2440	2440	2440	2440	2440
火电满发，出力系数0.92	2245	2245	2245	2245	2245
4.2 220kV层面统调火电装机容量	1120	1120	1120	1120	1120
火电满发，出力系数0.92	1030	1030	1030	1030	1030
5. 光伏装机（出力系数0.8）	465	465	465	465	465
光伏出力	0	0	0	0	0
6. 风电装机（出力系数0.4）	598	698	698	698	698
风电出力	239	279	279	279	279
7. 电厂供电能力					

续表

项目	2022年	2023年	2024年	2025年	2030年
不计风电、光伏	2245	2245	2245	2245	2245
计及风电、光伏	2484	2524	2524	2524	2524
8.220kV及以下层面电厂供电能力					
不计风电、光伏	1030	1030	1030	1030	1030.4
计及风电、光伏	1269	1309	1309	1309	1309
9.电力盈亏					
不计风电、光伏	–777	–984	–1204	–1439	–2516
计及风电、光伏	–538	–705	–925	–1160	–2237
10.220kV层面电力盈亏					
不计风电、光伏	–1992	–2199	–2419	–2654	–3730.6
计及风电、光伏	–1753	–1920	–2140	–2375	–3452

B市供电区秋季日间小负荷方式下，计及已投运及已审定风电、光伏出力，2025年电力盈余1114MW，220kV层面电力盈余520MW。B市供电区秋季日间小负荷电力平衡表见表3–3–5。

表3–3–5　　B市供电区秋季日间小负荷电力平衡表　　MW

项目	2022年	2023年	2024年	2025年	2030年
1.全社会供电负荷	874	930	990	1053	1436
2.地方及企业自备电厂装机	432	432	432	432	432
3.网供负荷	658	714	774	837	1220
4.统调火电装机容量					
4.1统调火电装机容量	2440	2440	2440	2440	2440
火电出力，出力系数0.45	1098	1098	1098	1098	1098
4.2 220kV层面统调火电装机容量	1120	1120	1120	1120	1120
火电出力，出力系数0.45	504	504	504	504	504
5.光伏装机（出力系数0.8）	465	465	465	465	465
光伏出力	372	372	372	372	372

续表

项目	2022 年	2023 年	2024 年	2025 年	2030 年
6. 风电装机（出力系数 0.69）	598	698	698	698	698
风电出力	412	481	481	481	481
7. 电厂供电能力					
不计风电、光伏	1098	1098	1098	1098	1098
计及风电、光伏	1882	1951	1951	1951	1951
8.220kV 及以下层面电厂供电能力					
不计风电、光伏	504	504	504	504	504
计及风电、光伏	1288	1357	1357	1357	1357
9. 电力盈亏					
不计风电、光伏	440	384	324	261	–122
计及风电、光伏	1224	1237	1177	1114	731
10.220kV 层面电力盈亏					
不计风电、光伏	–154	–210	–270	–333	–716
计及风电、光伏	630	643	583	520	137

B 市供电区秋季夜间小负荷方式下，计及已投运及已审定风电、光伏出力，2025 年电力盈余 904MW，220kV 层面电力盈余 310MW。B 市供电区秋季夜间小负荷电力平衡表见表 3–3–6。

表 3–3–6　　B 市供电区秋季夜间小负荷电力平衡表　　MW

项目	2022 年	2023 年	2024 年	2025 年	2030 年
1. 全社会供电负荷	745	793	844	898	1225
2. 地方及企业自备电厂装机	432	432	432	432	432
3. 网供负荷	529	577	628	682	1009
4. 统调火电装机					
4.1 统调火电装机	2440	2440	2440	2440	2440
火电出力，出力系数 0.45	1098	1098	1098	1098	1098
4.2 220kV 层面统调火电装机容量	1120	1120	1120	1120	1120

续表

项目	2022 年	2023 年	2024 年	2025 年	2030 年
火电出力，出力系数 0.45	504	504	504	504	504
5. 光伏装机（出力系数 0）	465	465	465	465	465
光伏出力	0	0	0	0	0
6. 风电装机（出力系数 0.75）	597.7	697.7	697.7	697.7	697.7
风电装机	418	488	488	488	488
7. 电厂供电能力					
不计风电、光伏	1098	1098	1098	1098	1098
计及风电、光伏	1516	1586	1586	1586	1586
8.220kV 及以下层面电厂供电能力					
不计风电、光伏	504	504	504	504	504
计及风电、光伏	922	992	992	992	992
9. 电力盈亏					
不计风电、光伏	569	521	470	416	89
计及风电、光伏	987	1009	958	904	577
10.220kV 层面电力盈亏					
不计风电、光伏	–25	–73	–124	–178	–505
计及风电、光伏	393	415	364	310	–17

2）Z 县供电区电力平衡结果。分别对 Z 县夏季日间大负荷、夏季夜间大负荷、秋季日间小负荷和秋季夜间小负荷进行电力平衡。

Z 县夏季日间大负荷方式下，计及已投运及已审定风电、光伏出力，2025 年电力盈余 1442MW，220kV 层面电力盈余 228MW。Z 县供电区夏季日间大负荷电力平衡表见表 3–3–7。

表 3–3–7　　Z 县供电区夏季日间大负荷电力平衡表　　MW

项目	2022 年	2023 年	2024 年	2025 年	2030 年
1. 全社会供电负荷	784	801	855	900	1148
2. 地方及企业自备电厂装机（0.5）	83	83	83	83	83

续表

项目	2022 年	2023 年	2024 年	2025 年	2030 年
3. 网供负荷	743	760	814	859	1107
4. 统调火电装机					
4.1 统调火电装机容量	2020	2020	2020	2020	2020
火电满发，出力系数 0.92	1858	1858	1858	1858	1858
4.2 220kV 层面统调火电装机容量	700	700	700	700	700
火电满发，出力系数 0.92	644	644	644	644	644
5. 光伏装机（出力系数 0.8）	444	444	444	444	444
光伏出力	355	355	355	355	355
6. 风电装机（出力系数 0.4）	220	220	220	220	220
风电出力	88	88	88	88	88
7. 电厂供电能力					
不计风电、光伏	1858	1858	1858	1858	1858
计及风电、光伏	2301	2301	2301	2301	2301
8.220kV 及以下层面电厂供电能力					
不计风电、光伏	644	644	644	644	644
计及风电、光伏	1087	1087	1087	1087	1087
9. 电力盈亏					
不计风电、光伏	1115	1098	1044	999	751
计及风电、光伏	1558	1541	1487	1442	1194
10.220kV 层面电力盈亏					
不计风电、光伏	-99	-116	-170	-215	-463
计及风电、光伏	344	327	273	228	-20

Z 县夏季夜间大负荷方式下，计及已投运及已审定风电、光伏出力，2025 年电力盈余 997MW，220kV 层面电力缺额 218MW。Z 县供电区夏季夜间大负荷电力平衡表见表 3-3-8。

表 3-3-8　　Z 县供电区夏季夜间大负荷电力平衡表　　MW

项目	2022 年	2023 年	2024 年	2025 年	2030 年
1. 全社会供电负荷	871	890	950	1000	1276
2. 地方及企业自备电厂装机（0.5）	83	83	83	83	83
3. 网供负荷	830	849	909	959	1223
4. 统调火电装机					
4.1 统调火电装机容量	2020	2020	2020	2020	2020
火电满发，出力系数 0.92	1858	1858	1858	1858	1858
4.2 220kV 层面统调火电装机容量	700	700	700	700	700
火电满发，出力系数 0.92	644	644	644	644	644
5. 光伏装机（出力系数 0）	444	444	444	444	444
光伏出力	0	0	0	0	0
6. 风电装机（出力系数 0.44）	220	220	220	220	220
风电出力	97	97	97	97	97
7. 电厂供电能力					
不计风电、光伏	1858	1858	1858	1858	1858
计及风电、光伏	1955	1955	1955	1955	1955
8.220kV 及以下层面电厂供电能力					
不计风电、光伏	644	644	644	644	644
计及风电、光伏	741	741	741	741	741
9. 电力盈亏					
不计风电、光伏	1029	1010	950	900	635
计及风电、光伏	1126	1107	1047	997	732
10.220kV 层面电力盈亏					
不计风电、光伏	–186	–205	–265	–315	-579
计及风电、光伏	-89	–108	–168	–218	-482

Z 县秋季日间小负荷方式下，计及已投运及已审定风电、光伏出力，2025 年电力盈余 1184MW，220kV 层面电力盈余 590MW。Z 县供电区秋季日间小负荷电力平衡表见表 3–3–9。

表 3-3-9　　Z 县供电区秋季日间小负荷电力平衡表　　MW

项目	2022 年	2023 年	2024 年	2025 年	2030 年
1. 全社会供电负荷	234	239	256	269	343
2. 地方及企业自备电厂装机	83	83	83	83	83
3. 网供负荷	197	202	219	232	306
4. 统调火电装机					
4.1 统调火电装机容量	2020	2020	2020	2020	2020
火电出力，出力系数 0.45	909	909	909	909	909
4.2 220kV 层面统调火电装机容量	700	700	700	700	700
火电出力，出力系数 0.45	315	315	315	315	315
5. 光伏装机（出力系数 0.8）	444	444	444	444	444
光伏出力	355	355	355	355	355
6. 风电装机（出力系数 0.69）	220	220	220	220	220
风电出力	152	152	152	152	152
7. 电厂供电能力					
不计风电、光伏	909	909	909	909	909
计及风电、光伏	1416	1416	1416	1416	1416
8.220kV 及以下层面电厂供电能力					
不计风电、光伏	315	315	315	315	315
计及风电、光伏	822	822	822	822	822
9. 电力盈亏					
不计风电、光伏	712	707	690	677	603
计及风电、光伏	1219	1214	1197	1184	1110
10.220kV 层面电力盈亏					
不计风电、光伏	118	113	96	83	9
计及风电、光伏	625	620	603	590	516

Z 县秋季夜间小负荷方式下，计及已投运及已审定风电、光伏出力，2025 年电力盈余 880MW，220kV 层面电力盈余 286MW。Z 县供电区秋季夜间小负荷电力平衡表见表 3-3-10。

表 3-3-10　Z 县供电区秋季夜间小负荷电力平衡表　MW

项目	2022 年	2023 年	2024 年	2025 年	2030 年
1. 全社会供电负荷	201	206	219	231	295
2. 地方及企业自备电厂装机	83	83	83	83	83
3. 网供负荷	164	169	182	194	258
4. 统调火电装机					
4.1 统调火电装机容量	2020	2020	2020	2020	2020
火电出力，出力系数 0.45	909	909	909	909	909
4.2 220kV 层面统调火电装机容量	700	700	700	700	700
火电出力，出力系数 0.45	315	315	315	315	315
5. 光伏装机（出力系数 0）	444	444	444	444	444
光伏出力	0	0	0	0	0
6. 风电装机（出力系数 0.75）	220	220	220	220	220
风电出力	165	165	165	165	165
7. 电厂供电能力					
不计风电、光伏	909	909	909	909	909
计及风电、光伏	1074	1074	1074	1074	1074
8.220kV 及以下层面电厂供电能力					
不计风电、光伏	315	315	315	315	315
计及风电、光伏	480	480	480	480	480
9. 电力盈亏					
不计风电、光伏	745	740	727	715	651
计及风电、光伏	910	905	892	880	816
10.220kV 层面电力盈亏					
不计风电、光伏	151	146	133	121	57
计及风电、光伏	316	311	298	286	222

3）220kV SJ 变电站消纳能力分析。该项目计划通过 220kV 电压等级接入 220kV SJ 变电站，考虑已经审定新能源出力，SJ 变电站 110kV 系统 2025 年秋季日间小负荷方式电力盈余最大为 175MW，新能源装机可消纳空间为 149MW，对应可消纳新能

源装机容量为186MW，可完全接纳该风电场出力。SJ变电站新能源消纳空间测算见表3-3-11。

表3-3-11　SJ变电站新能源消纳空间测算　MW

项目	2023年	2024年	2025年	2030年
1.SJ变电站110kV系统最大电力盈余	178	177	175	165
1.1 夏季日间大负荷方式	–59	–37	–378	–37
1.2 夏季夜间大负荷方式	–258	–231	–231	–231
1.3 秋季日间小负荷方式	178	177	175	165
1.4 秋季夜间小负荷方式	29	27	24	10
2.SJ变电站供电系统电网疏散极限	324	324	324	324
3. 可消纳空间	146	147	149	159
4. 对应新能源装机容量	182	184	186	199

4. 接入系统方案拟定

（1）接入系统电压等级分析。

该项目装机容量40MW，适合采用35kV或110kV电压等级接入系统。根据该风电场的特除条件（一期项目已经预留40MW主变压器容量），该风电场跟随一期项目220kV电压等级接入系统。

（2）送电导线截面选择。

220kV XYG光伏电站已投运，升压站内装设主变压器1×120MVA，通过1回220kV线路接入SJ变电站。SX线导线截面积2×185mm^2，SX线输送容量能满足SYTR风电项目送出要求。220kV XYG光伏电站实际最大出力约70MW，已有主变压器容量120MVA，220kV XYG光伏电站已有主变压器容量满足SYTR风电项目送出要求。

（3）项目周边变电站简介。

该项目位于B市Z县北部。风电场升压站周边有220kV XYG光伏电站、220kV SJ变电站，有110kV变电站1座，即BS变电站。

1）220kV XYG光伏电站。220kV XYG光伏电站为Z县LYG 120MW光伏项目的升压站，220kV XYG光伏电站一期光伏已建80MW，预留40MW主变压器容量。

站址距离风电场直线距离约 11.4km。终期主变压器容量 2×120MVA，现有主变压器容量 1×120MVA，电压等级 220kV/35kV。220kV 侧为单母接线型式，220kV 进出线变电间隔终期规模 2 个，已占 1 个，至 220kV SJ 变电站，剩余 1 个备用进出线变电间隔。

2）220kV SJ 变电站。220kV SJ 变电站位于该风电场东部，现有主变压器容量 2×180MVA，终期主变压器容量 3×180MVA。电压等级 220kV/110kV/10kV。220kV 母线为双母线接线，220kV 进出线变电间隔终期规模 7 个，已占用 3 个，分别至 XD 变电站、JZ 变电站、XYG 光伏电站，规划占用 2 个，分别至 TH 变电站、XL 变电站，剩余备用变电间隔 2 个。

3）110kV BS 变电站。110kV BS 变电站位于该风电场东南部。终期主变压器容量 3×50MVA，现有主变压器容量 2×50MVA，电压等级 110kV/35kV/10kV。110kV 母线为单母分段接线型式，110kV 进出线变电间隔终期规模 5 个，已占 3 个，分别至 220kV SJ 变电站 2 个、WQS 光伏 1 个，剩余 2 个备用进出线变电间隔。

（4）拟定接入系统方案。

结合相关地区电网情况、该风场装机规模、周边站点情况，该风场推荐接入系统方案如下：

该风电场直线距离 220kV XYG 光伏电站 11.4km。220kV XYG 光伏电站已投运，已建主变压器 1 台，变电容量 120MVA，电压等级 220kV/35kV；已接入光伏装机容量 80MW，预留主变压器容量 40MVA，因后期光伏不再建设，考虑更加节约电力系统资源，推荐该风电项目接入 220kV XYG 光伏电站。该项目在 XYG 光伏电站内新建 35kV Ⅱ段母线，已有 120MVA 主变压器 35kV 侧通过两个分支回路及相应进线间隔分别接入已有Ⅰ段 35kV 母线、本期新建 35kV Ⅱ段母线，升压站内两端 35kV 母线间不设置分段开关。该项目全部机组以新建 35kV 集电线路接入 XYG 光伏电站本期所建 35kV Ⅱ段母线，XYG 光伏电站已有 35kV 集电线路与该项目新建 35kV 集电线路无直接电气联系，严格相独立。XYG 光伏电站已投运，内装设主变压器 1×120MVA，通过 1 回 220kV 线路接入 SJ 变电站（XY 线）。XY 线导线截面积 2×185mm^2，XY 线输送容量能满足该项目送出要求。XYG 光伏电站实际最大出力约 70MW，已有主变压器容量 120MVA，XYG 光伏电站已有主变压器容量能满足该项目送出要求。风电场接入系统方案示意图见 3–3–1。

图 3-3-1　风电场接入系统方案示意图

风电场接入 220kV XYG 光伏电站升压站示意图见 3-3-2。

5. 方案经济技术比较

（1）潮流计算。

该项目风电所发电力在 SJ 变电站消纳部分电力后，直接升压送至 Z 县 220kV 电网，此时，220kV SJ 变电站升压负荷及 Z 县外送断面 N–1 方式下各线路无过载情况，均满足 N–1 校核要求。

（2）短路电流计算。

通过分析上述相关站点短路电流和短路容量的计算，相关站点短路容量比均低于 10%，满足对风电场并网点短路容量比要求。

（3）经济分析及推荐方案。

1）投资费用分析。该风电项目一次部分投资估算 105 万元，风电场工程接入系统方案投资估算表见表 3-3-12。

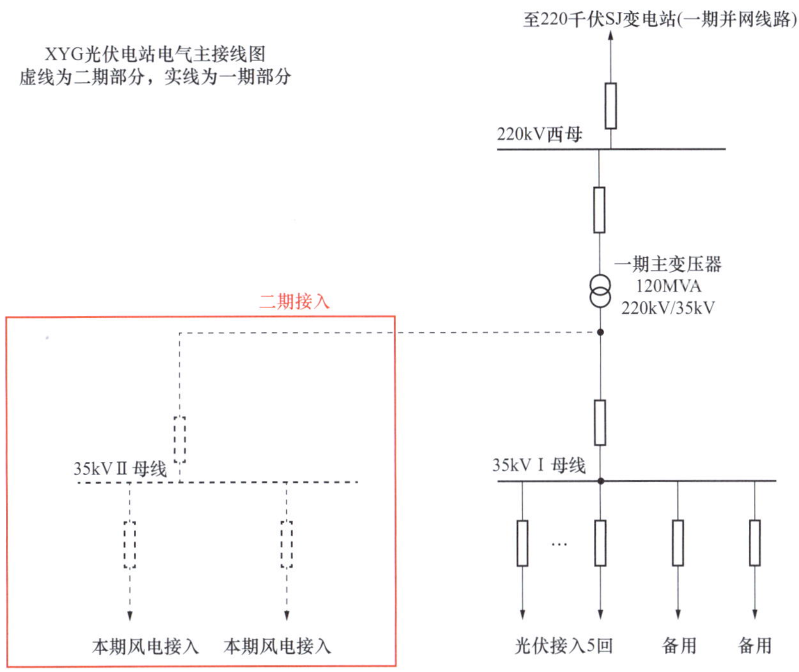

图 3-3-2　风电场接入 220kV XYG 光伏电站升压站示意图

表 3-3-12　风电场工程接入系统方案投资估算表　万元

项目名称		接入系统方案
系统侧投资	建设内容	利用已有 XYG 光伏电站—SJ 变电站 220kV 并网线路（LGJ-2×185mm^2）和 XYG 光伏电站内已有主变压器。XYG 光伏电站内新建 35kV Ⅱ段母线
	线路部分投资	前期已建
	变电间隔投资	前期已建
	电缆部分投资	前期已建
升压站侧投资	主变压器投资	前期已建
	35kV 变电间隔投资	105
	征地投资	0
一次部分合计		105

2）接入方案分析及推荐方案。220kV XYG 光伏电站，已建一台 120MVA 主变压器和 80MW 光伏发电设备（2021 年 XYG 光伏电站最大出力 67.2MW），主变压器预留空间 40MVA，该项目接入主变压器预留空间，可节省主变压器投资；利用 XYG

升压站已有 220kV 并网线路接入系统电网，不另占用电网侧变电间隔且不新建并网线路；风电场内不新建升压变电站，可节省征地；接入电网侧 220kV 电压等级，有利于风电场所发电力的消纳；电网结构清晰。综合以上分析，可利用 XYG 光伏电站升压站作为风电场接入系统方案，即以新建 35kV 集电线路接入 XYG 光伏电站，本期所建 35kV Ⅱ段母线，XYG 光伏电站已有 35kV 集电线路与该项目新建 35kV 集电线路无直接电气联系。

6. 稳定性计算

（1）故障方式。

1）线路三相永久接地故障。风电场 220kV 并网线路故障，0.0s 故障，0.12s 两端三相跳开。相关 220kV 线路三相永久接地故障继电保护动作时间：0.0s 故障，0.12s 线路两端三相跳开，不重合。

2）线路单相永久接地故障。220kV 线路侧 0.0s 发生单相短路接地永久故障；线路两侧 0.12s 单相跳开，1.12s 单相重合，1.24s 三相跳开。

（2）相关线路故障稳定计算结果。

根据《电力系统安全稳定导则》（GB 38755—2019）中“4.2.3 第二级安全稳定标准”规定：在发电厂或变电站出线、进线同杆架设的杆塔基数合计不超过 20 基，且同杆架设的线路长度不超过该线路全长 10% 的情况下，允许同杆架设双回线的异名两相同时发生单相接地故障重合不成功，双回线三相同时跳开，或同杆并架双回线同时无故障断开的故障不作为第二级标准，而归入“4.2.4 第三级安全稳定标准”。按照 B 市公司提供的资料，JZ–XC220kV 线路与 JZ–TT220kV 线路在 220kV JZ 变电站出口处同杆架设，同杆架设的杆塔基数为 4 基，同杆架设线路长度为 700m，分别占线路总长的 1.9%、1.7%；SJ–XD220kV 线路与 SJ–JZ220kV 线路在 220kV SJ 变电站出口处为单回路架设，无同杆架设。上述故障方式下，应归入三级安全稳定标准。

相关线路故障稳定计算结果见表 3–3–13。

表 3–3–13　相关线路故障稳定计算结果

故障点	计算结果	对风电场要求
并网线路风电场侧三相永久性故障	电网保持稳定	允许风电机组全部切出
并网线路系统侧三相永久性故障	电网保持稳定	允许风电机组全部切出

续表

故障点	计算结果	对风电场要求
SJ-JZ220kV 线路 SJ 侧三相永久性故障	电网保持稳定	允许风电机组全部切出
SJ-JZ220kV 线路 JZ 侧三相永久性故障	电网保持稳定	允许风电机组全部切出
SJ-JZ220kV 线路 SJ 侧单相永久性故障	电网保持稳定	风电场应具备相应的低电压穿越能力
SJ-JZ220kV 线路 JZ 侧单相永久性故障	电网保持稳定	风电场应具备相应的低电压穿越能力

稳定计算结果表明，在推荐接入系统方案下，风电场 220kV 并网线路两侧发生三相永久故障时，继电保护装置及断路器正确动作，故障线路正常跳开，系统侧均无电压稳定问题。

相关 220kV 线路各侧发生三相永久故障，继电保护装置及断路器正确动作，故障线路正常跳开，系统侧均无电压稳定问题。

相关 220kV 线路各侧发生单相永久故障时，继电保护装置及断路器正确动作，故障线路正常跳开，系统侧均无电压稳定问题，风电场应具备相应的低电压穿越能力，保证不间断并网运行。

7. 推荐方案调压计算

本期风电场接入 XYG 光伏电站后，XYG 光伏电站需配置 ±29Mvar 的动态无功补偿装置（静止无功发生器 SVG）。220kV XYG 光伏电站已配置 ±25Mvar 的动态无功补偿装置（SVG），±25Mvar 动态无功补偿装置（SVG）接入已有 Ⅰ 段 35kV 母线。

220kV XYG 光伏电站还需配置 ±4Mvar 的动态无功补偿装置（SVG），±4Mvar 的动态无功补偿装置（SVG）接入本期新建 35kV Ⅱ 段母线。由于光伏电场和本期风电场共用无功补偿装置（SVG），220kV XYG 光伏电站已有 Ⅰ 段 35kV 母线停电检修时，本期风电场也需停电。

8. 结论及建议

（1）风电场推荐接入系统方案如下：SYTR 风电项目在 XYG 光伏电站内新建 35kV Ⅱ 段母线，已有 120MVA 主变压器 35kV 侧通过两个分支回路及相应进线间隔分别接入已有 Ⅰ 段 35kV 母线，本期新建 35kV Ⅱ 段母线，升压站内两端 35kV 母线间不设置分段开关。SYTR 风电项目全部机组以新建 35kV 集电线路接入 XYG 光伏电站，本期新建 35kV Ⅱ 段母线，XYG 光伏电站已有 35kV 集电线路与 SYTR 风电项目新建 35kV 集电线路无直接电气联系，严格相独立。

XYG 光伏电站已投运，内装设主变压器 1×120MVA，通过 1 回 220kV 线路接入 SJ 变电站。SX 线导线截面积 $2\times185mm^2$，SX 线输送容量能满足 SYTR 风电项目送出要求。XYG 光伏电站实际最大出力约 70MW，已有主变压器容量 120MVA，XYG 光伏电站已有主变压器容量满足 SYTR 风电项目送出要求。

（2）无功补偿：本期风电场接入 XYG 光伏电站后，XYG 光伏电站需配置 ±29Mvar 的动态无功补偿装置。220kV XYG 光伏电站已配置 ±25Mvar 的动态无功补偿装置（SVG），根据前文核算，220kV XYG 光伏电站还需配置 ±4Mvar 的动态无功补偿装置（SVG）。

由于光伏电场和本期风电场共用无功补偿装置（SVG），220kV XYG 光伏电站已有Ⅰ段 35kV 母线停电检修时，本期风电场也需停电。

（3）本期风电场需配置 1 套一次调频装置，通过一次调频装置与 AGC 控制系统的配合，一次调频装置将一次调频调节量与自动发电控制系统电网下发的有功功率调节值进行代数叠加，通过快速通道直接下发到发电机组通信装置，控制发电机组进行有功功率调节。

（4）风电场应跟踪场内各个元件模型和参数变化情况，并及时将最新情况反馈给电网运营企业。

（5）风电场应装设谐波监测装置，如果风电场谐波对系统有影响，需采取相关治理措施并根据需要委托风电场开展谐波专题研究。

（6）并网点及人工解列点：并网点设在并网线路的升压站侧，人工解列点设在并网线路的系统侧。

（7）为满足风电场自身以及电网运行安全，风电场接入系统还应满足功率控制和电压调节要求、电网异常时的响应特性要求、安全与保护要求、通用技术要求、通信与信号要求等。

（8）风电场并网前应做接入电网测试，并在并网运行 6 个月内向电力调度部门提供有关风电场运行特性的测试报告，测试内容应按照国家相关标准和规定进行。

案例四：直接接入 110kV 电网的案例分析

项目案例：H 市 100MW 风电项目

方案分类：周边公共站点具备接入条件且风电场并网线路路径可行，直接接入 110kV 系统站。

1. 项目概况

风电项目 A 位于 H 市 O 镇、P 镇、Q 镇等乡镇，设计安装 20 台 5MW 风力发电机组，总设计容量 100MW，同时配套建设 15MW/30MWh 储能设施；计划 2024 年 9 月首台风机并网，2024 年 12 月全部风电机组投运。配套储能设施与风电场同期投产。

风电场年上网发电量为 21410×10^4kWh，年等效满负荷利用小时为 2141h。该风电场风功率等级为 D–1 级，该风电场选择双馈异步风机，单机额定功率 5MW，切入风速 2.5m/s，额定风速 9.4m/s，切出风速 20～25m/s。

2. 周边电力系统概况

2022 年 H 市供电区全社会最大负荷 370MW，全社会用电量 18.6×10^8kWh，同比增长分别为 16.3% 和 1.1%。

截至 2022 年底，H 市供电区共有 220kV 公用变电站 2 座，分别为变电站 B（2×150MVA）、变电站 C（1×180MVA）、变电站 E（1×180MVA），总变电容量 660MVA；共有 110kV 公用变电站 7 座，变电总容量为 611.5MVA。

截至 2022 年底，H 市供电区暂无风电装机、无统调电厂；分布式光伏装机容量 73.2MW；地方自备电厂 1 座，装机容量 6MW。

3. 电力平衡分析

（1）风电场出力分析。

H 市风电场不高于 95% 出力概率出力系数结果表见表 3–4–1。

表 3–4–1　　H 市风电场不高于 95% 出力概率出力系数结果表

时段	出力系数
春季日间	0.83
春季夜间	0.93
夏季日间	0.34

续表

时段	出力系数
夏季夜间	0.45
秋季日间	0.65
秋季夜间	0.76
冬季日间	0.55
冬季夜间	0.74

（2）负荷特性。

1）J 市供电区负荷特性。2022 年 J 市全年负荷曲线呈现夏、冬两个高峰，夏季高峰出现在 6～9 月之间，冬季高峰出现在 1～2 月之间。夏季负荷较大，秋季、冬季负荷较小。

2022 年 J 市供电区夏季大负荷日呈现午高峰和晚高峰态势，午高峰峰值出现于 13 时，约 3830MW，为最大负荷的 0.95；晚高峰出现于 11 时，约 4021MW。早晨出现 1 个低谷，在 7～9 时。

2022 年 J 市供电区春季小负荷出现于 13 时，约 2111MW，为最大负荷的 0.52；夜间小负荷出现于 5 时，约 2252MW，为最大负荷的 0.56。

2022 年 J 市供电区秋季小负荷出现于 13 时，约 1875MW，为最大负荷的 0.47；夜间小负荷出现于 4 时，约 2255MW，为最大负荷的 0.56。

2022 年 J 市冬季典型日午间负荷低值约 2051MW，日间负荷低值约为全年最大负荷的 0.51，夜间负荷低值约 2252MW，夜间负荷低值约为全年最大负荷的 0.56。

2）H 市供电区负荷特性。H 市供电区夏季负荷较大，不考虑春节等节假日影响，秋、冬季负荷较小。

2022 年 H 市供电区夏季大负荷日晚上负荷较大，最大负荷约 350MW，日间最大负荷 330MW，为最大负荷的 0.94。

2022 年 H 市供电区春季典型日，日间负荷低值约 142MW，日间负荷低值约为全年最大负荷的 0.41，夜间负荷低值约 158MW，夜间负荷低值约为全年最大负荷的 0.45。

2022 年 H 市供电区秋季典型日，日间负荷低值约 139MW，日间负荷低值约为全年最大负荷的 0.4，夜间负荷低值约 169MW，夜间负荷低值约为全年最大负荷的 0.48。

2022 年 H 市供电区冬季典型日，日间负荷低值约 145MW，日间负荷低值约为全年最大负荷的 0.41，夜间负荷低值约 169MW，夜间负荷低值约为全年最大负荷的 0.48。

（3）电力平衡原则。

1）平衡年份选择 2022 ~ 2030 年。

2）该项目全部机组并网时间为 2024 年底，该项目从 2025 年参与平衡。

3）分别对 J 市、H 市夏季夜间大负荷、冬季日间小负荷、冬季夜间小负荷进行平衡。

4）J 市冬季日间小负荷按照年最大负荷的 0.51 考虑，冬季夜间小负荷按照年最大负荷的 0.56 考虑。H 市冬季日间小负荷按照年最大负荷的 0.41 考虑，冬季夜间小负荷按照年最大负荷的 0.48 考虑。

5）统调电厂的厂用电取 8%，夏季大负荷，火电机组满出力，自备电厂、生物质及垃圾电厂均按照 50% 出力考虑。冬季日间低谷负荷，火电机组参与调峰，按最小开机、最小出力考虑。

6）新能源出力方面，光伏日间 0.8，夜间 0，风电出力系数见表 3–4–2。风电出力系数表见表 3–4–2。

表 3–4–2　　风电出力系数表

时段	出力系数
夏季日间	0.3
夏季夜间	0.3
冬季日间	0.5
冬季夜间	0.7

（4）电力平衡结果。

1）J 市供电区电力平衡结果。分别对 J 市供电区夏季大负荷、冬季日间小负荷和冬季夜间小负荷进行平衡。

J 市供电区夏季日间大负荷方式下，统调火电全开机满出力，已投运光伏 0.8 出力，已审风电 0.3 出力方式下，J 市供电区 2025 年全区电力缺额 1285MW。J 市供电区夏季日间大负荷电力平衡表见表 3–4–3。

表 3-4-3　　J 市供电区夏季日间大负荷电力平衡表　　MW

项目	2022 年	2023 年	2024 年	2025 年	2027 年
1. 夏季日间大负荷	4285	4467	4757	4959	5323
2. 地方电厂装机	443	461	461	461	461
3. 网供最大负荷	4063	4236	4526	4728	5092
4. 统调电厂装机					
4.1 常规火电装机	3510	3510	3510	3510	3510
4.2 风电装机	948	948	948	948	948
其中：已投产	148	148	148	148	148
已审定	100	100	100	100	100
未审定	700	700	700	700	700
4.3 光伏装机	100	100	100	100	100
5. 分散式风电装机	150	198	198	198	198
6. 分布式光伏装机	616	616	616	616	616
规划分布式光伏		35	70	105	175
7. 储能装机	0	30	215	215	215
8. 电力盈亏（+/-，）					
8.1 全开机 + 满出力（不含新能源）	-834	-1007	-1297	-1499	-1863
8.2 全开机 + 满出力（含已投产 + 已审定新能源）	-634	-793	-1083	-1285	-1649
8.3 全开机 + 满出力（含已投产 + 已审定 + 未审定新能源 + 储能放电 0.8）	-424	-531	-645	-819	-1127

J 市供电区夏季夜间大负荷方式下，统调火电全开机满出力，已投运光伏 0 出力，已审风电 0.3 出力方式下，J 市供电区 2025 年全区电力缺额 1626MW。J 市供电区夏季夜间大负荷电力平衡表见表 3-4-4。

表 3-4-4　　J 市供电区夏季夜间大负荷电力平衡　　MW

项目	2022 年	2023 年	2024 年	2025 年	2027 年
1. 夏季夜间大负荷	4510	4702	5007	5220	5603
2. 地方电厂装机	443	461	461	461	461

续表

项目	2022 年	2023 年	2024 年	2025 年	2027 年
3. 网供最大负荷	4288	4471	4776	4989	5372
4. 统调电厂装机					
4.1 常规火电装机	3510	3510	3510	3510	3510
4.2 风电装机	948	948	948	948	948
其中：已投产	148	148	148	148	148
已审定	100	100	100	100	100
未审定	700	700	700	700	700
4.3 光伏装机	100	100	100	100	100
5. 分散式风电装机	150	198	198	198	198
6. 分布式光伏装机	616	616	616	616	616
规划分布式光伏		35	70	105	175
7. 储能装机	0	30	215	215	215
8. 电力盈亏（+/–）					
8.1 全开机 + 满出力（不含新能源）	–1059	–1242	–1547	–1760	–2143
8.2 全开机 + 满出力（含已投产 + 已审定新能源）	–940	–1108	–1413	–1626	–2009
8.3 全开机 + 满出力（含已投产 + 已审定 + 未审定新能源 + 储能放电 0.8）	–730	–874	–1031	–1244	–1627

J 市供电区冬季日间小负荷方式下，统调火电最小出力，已投运光伏 0.8 出力，已审风电 0.5 出力方式下，J 市供电区 2025 年全区电力缺额 1185MW。J 市供电区冬季日间小负荷电力平衡表见表 3–4–5。

表 3–4–5　　J 市供电区冬季日间小负荷电力平衡表　　MW

项目	2022 年	2023 年	2024 年	2025 年	2027 年
1. 冬季日间小负荷	2300	2398	2554	2662	2858
2. 地方电厂装机	443	461	461	461	461
3. 网供最大负荷	2079	2167	2323	2432	2627
4. 统调电厂装机					

续表

项目	2022 年	2023 年	2024 年	2025 年	2027 年
4.1 常规火电装机	3510	3510	3510	3510	3510
4.2 风电装机	948	948	948	948	948
其中：已投产	148	148	148	148	148
已审定	100	100	100	100	100
未审定	700	700	700	700	700
4.3 光伏装机	100	100	100	100	100
5. 分散式风电装机	150	198	198	198	198
6. 分布式光伏装机	616	616	616	616	616
规划分布式光伏		35	70	105	175
7. 储能装机	0	30	215	215	215
8. 电力盈亏（+/–）					
8.1 全开机 + 满出力（不含新能源）	1151	1062	906	798	602
8.2 全开机 + 满出力（含已投产 + 已审定新能源）	1430	1365	1209	1101	905
8.3 全开机 + 满出力（含已投产 + 已审定 + 未审定新能源 + 储能充电 1.0）	1780	1713	1400	1320	1180
8.4 全开机 + 火电充分调峰（不含新能源）	–192	–280	–436	–545	–740
8.5 全开机 + 火电充分调峰（含已投产 + 已审定新能源）	88	23	–133	–242	–437
8.6 全开机 + 火电充分调峰（含已投产 + 已审定 + 未审定新能源 + 储能充电 1.0）	438	371	58	–23	–162
8.7 最小出力（不含新能源）	–1135	–1224	–1379	–1488	–1683
8.8 最小出力（含已投产 + 已审定新能源）	–856	–921	–1076	–1185	–1380
8.9 最小出力 +（含已投产 + 已审定 + 未审定新能源 + 储能充电 1.0）	–506	–573	–885	–966	–1105

J 市供电区冬季夜间小负荷方式下，统调火电最小出力，已审风电 0.7 出力方式下，J 市供电区 2025 年全区电力缺额 1437MW。J 市供电区冬季夜间小负荷电力平衡表见表 3–4–6。

表 3-4-6　　J 市供电区冬季夜间小负荷电力平衡表　　MW

项目	2022 年	2023 年	2024 年	2025 年	2027 年
1. 全社会供电负荷	2526	2633	2804	2923	3138
2. 地方电厂装机	443	461	461	461	461
3. 网供最大负荷	2304	2403	2573	2693	2907
4. 统调电厂装机					
4.1 常规火电装机	3510	3510	3510	3510	3510
4.2 风电装机	948	948	948	948	948
其中：已投产	148	148	148	148	148
已审定	100	100	100	100	100
未审定	700	700	700	700	700
4.3 光伏装机	100	100	100	100	100
5. 分散式风电装机	150	198	198	198	198
6. 分布式光伏装机	616	616	616	616	616
规划分布式光伏		35	70	105	175
7. 储能装机	0	30	215	215	215
8. 电力盈亏（+/–）					
8.1 全开机 + 满出力（不含新能源）	925	827	656	537	322
8.2 全开机 + 满出力（含已投产 + 已审定新能源）	1204	1139	968	849	634
8.3 全开机 + 满出力（含已投产 + 已审定 + 未审定新能源 + 储能充电 1.0）	1694	1599	1243	1124	909
8.4 全开机 + 火电充分调峰（不含新能源）	–417	–516	–686	–806	–1020
8.5 全开机 + 火电充分调峰（含已投产 + 已审定新能源）	–138	–203	–374	–493	–708
8.6 全开机 + 火电充分调峰（含已投产 + 已审定 + 未审定新能源 + 储能充电 1.0）	352	257	–99	–218	–433
8.7 最小出力（不含新能源）	–1361	–1459	–1630	–1749	–1964
8.8 最小出力（含已投产 + 已审定新能源）	–1082	–1147	–1318	–1437	–1651
8.9 最小出力 +（含已投产 + 已审定 + 未审定新能源 + 储能充电 1.0）	–592	–687	–1043	–1162	–1376

2）H 市供电区电力平衡结果。分别对 H 市供电区夏季大负荷、冬季日间小负荷和冬季夜间小负荷进行电力平衡。

H 市供电区夏季大负荷方式下，已投运光伏 0.8 出力，已审风电 0.3 出力方式下，H 市 2025 年电力缺额 341MW。H 市供电区夏季日间大负荷电力平衡表见表 3–4–7。

表 3–4–7　　H 市供电区夏季日间大负荷电力平衡　　MW

项目	2022 年	2023 年	2024 年	2025 年	2027 年
1. 夏季日间大负荷	329	329	338	350	367
2. 地方电厂装机	6	6	18	18	18
3. 网供最大负荷	326	326	329	341	358
4. 统调电厂装机					
4.1 风电装机	200	200	200	200	200
其中：已投产	0	0	0	0	0
已审定					
未审定	200	200	200	200	200
4.2 光伏装机	0	0	0	0	0
5. 分散式风电装机	0	0	0	0	0
6. 分布式光伏装机	73	73	73	73	73
规划分布式光伏	0	5	10	15	25
7 储能装机	0	55	55	55	55
8. 电力盈亏（+/–）					
8.1 不含新能源	–326	–326	–329	–341	–358
8.2 含已投产 + 已审定新能源	–326	–326	–329	–341	–358
8.3 含已投产 + 已审定 + 未审定新能源 + 储能放电 0.8	–266	–218	–217	–225	–234

H 市供电区夏季夜间大负荷方式下，已投运光伏 0.8 出力，已审风电 0.3 出力方式下，H 市 2025 年电力缺额 363MW。H 市供电区夏季夜间大负荷电力平衡表见表 3–4–8。

表 3-4-8　　H 市供电区夏季夜间大负荷电力平衡　　MW

项目	2022 年	2023 年	2024 年	2025 年	2027 年
1. 夏季夜间大负荷	350	350	360	372	390
2. 地方电厂装机	6	6	18	18	18
3. 网供最大负荷	347	347	351	363	381
4. 统调电厂装机					
4.1 风电装机	200	200	200	200	200
其中：已投产	0	0	0	0	0
已审定					
未审定	200	200	200	200	200
4.2 光伏装机	0	0	0	0	0
5. 分散式风电装机	0	0	0	0	0
6. 分布式光伏装机	73	78	83	88	93
规划分布式光伏	0	5	10	15	25
7 储能装机	0	55	55	55	55
8. 电力盈亏（+/–）					
8.1 不含新能源	–347	–347	–351	–363	–381
8.2 含已投产 + 已审定新能源	–347	–347	–351	–363	–381
8.3 含已投产 + 已审定 + 未审定新能源 + 储能放电 0.8	–287	–243	–247	–259	–277

H 市供电区冬季日间小负荷方式下，已投运光伏 0.8 出力，已审风电 0.5 出力方式下，H 市 2025 年电力缺额 144MW。H 市供电区冬季日间小负荷电力平衡表见表 3–4–9。

表 3-4-9　　H 市供电区冬季日间小负荷电力平衡表　　MW

项目	2022 年	2023 年	2024 年	2025 年	2027 年
1. 冬季日间小负荷	144	144	148	153	160
2. 地方电厂装机	6	6	18	18	18
3. 网供最大负荷	141	141	139	144	151

续表

项目	2022 年	2023 年	2024 年	2025 年	2027 年
4. 统调电厂装机					
4.1 风电装机	200	200	200	200	200
其中：已投产	0	0	0	0	0
已审定	0	0	0	0	0
未审定	200	200	200	200	200
4.2 光伏装机	0	0	0	0	0
5. 分散式风电装机	0	0	0	0	0
6. 分布式光伏	73	73	73	73	73
规划分布式光伏	0	5	10	15	25
7. 储能装机	0	55	55	55	55
8. 电力盈亏（+/–）					
8.1 不含新能源	–141	–141	–139	–144	–151
8.2 含已投产 + 已审定新能源	–141	–141	–139	–144	–151
8.3 含已投产 + 已审定 + 未审定新能源 + 储能充电 1.0	–41	–92	–86	–87	–86

H 市供电区冬季夜间小负荷方式下，已审风电 0.7 出力方式下，H 市 2025 年电力缺额 170MW。H 市供电区冬季夜间小负荷电力平衡表见表 3–4–10。

表 3–4–10　　H 市供电区冬季夜间小负荷电力平衡表　　MW

项目	2022 年	2023 年	2024 年	2025 年	2027 年
1. H 市冬季夜间小负荷	168	168	173	179	187
2. 地方电厂装机	6	6	18	18	18
3. 网供最大负荷	165	165	164	170	178
4. 统调电厂装机					
4.1 风电装机	200	200	200	200	200
其中：已投产	0	0	0	0	0
已审定	0	0	0	0	0

续表

项目	2022 年	2023 年	2024 年	2025 年	2027 年
未审定	200	200	200	200	200
4.2 光伏装机	0	0	0	0	0
5. 分散式风电装机	0	0	0	0	0
6. 分布式光伏装机	73	73	73	73	73
规划分布式光伏	0	5	10	15	25
7. 储能装机	0	55	55	55	55
8. 电力盈亏（+/–）					
8.1 不含新能源	–165	–165	–164	–170	–178
8.2 含已投产 + 已审定新能源	–165	–165	–164	–170	–178
8.3 含已投产 + 已审定 + 未审定新能源储能充电 1.0	-25	–80	–79	-85	-93

3）220kV 变电站消纳空间分析。

a. 变电站 B。目前变电站 B 110kV 及以下未接入集中式风电、光伏、分散式风电项目。可能接入的新能源有 100MW 风电项目（该项目）、100MW 风电项目 2。2022 年变电站 B 冬季典型日夜间最小负荷 117MW。

考虑已投运及已审定新能源出力，2024 年变电站 B 还可接纳风电 278MW，可以满足规划风电的接入。计及已规划风电及配套储能充电后还可接纳新能源装机 133MW。变电站 B 110kV 系统新能源接纳能力统计表见表 3–4–11。

表 3–4–11　　变电站 B 110kV 系统新能源消纳能力统计表

项目	2022 年	2023 年	2024 年	2025 年
1. 主变压器容量（MVA）	2 × 150	2 × 150	2 × 150	2 × 150
2. 变电站 B 冬季夜间小负荷（MW）	117	85	87	89
3. 自备电厂装机（MW）	15	15	15	33
4. 变电站 B110kV 外送极限（单台主变压器 0.95 功率因数）	252	220	222	215
5. 风电装机（MW）	0	200	200	200
风电 1		100	100	100

续表

项目	2022年	2023年	2024年	2025年
风电 2		100	100	100
6. 分布式光伏（MW）	49.3	42.1	43.1	44.1
7. 储能装机（MW）	0	55	55	55
8. 还可接纳风电装机空间（MW）	315	275	278	269
9. 计及规划风电后还可接纳风电装机空间（MW）	315	75	78	69
10. 计及储能充电还可接纳风电装机空间（MW）	315	130	133	124

b. 变电站C。目前变电站C110kV及以下未接入集中式风电、光伏、分散式风电项目。可能接入的新能源有100MW风电项目（该项目）、100MW风电项目2。2022年变电站C冬季典型日夜间最小负荷43MW。

考虑已投运及已审定新能源出力，2024年变电站C还可接纳风电248MW，可以满足该项目的接入。计及已规划风电及其配套储能充电后还可接纳风电装机103MW。变电站C 110kV系统新能源接纳能力统计表见表3-4-12。

表3-4-12　变电站C110kV系统新能源消纳能力统计表

项目	2022年	2023年	2024年	2025年
1. 主变压器容量（MVA）	2×180	2×180	2×180	2×180
2. 变电站C冬季夜间小负荷（MW）	43	26	27	29
3. 变电站C110kV外送极限（单台主变压器0.95功率因数）	214	197	198	200
4. 风电装机（MW）	0	200	200	200
风电 1		100	100	100
风电 2		100	100	100
5. 分布式光伏（MW）	32.9	33.7	34.5	35.3
6. 储能装机（MW）	0	55	55	55
7. 还可接纳风电装机空间	268	246	248	250
8. 计及规划风电后还可接纳风电装机空间（MW）	268	46	48	50
9. 计及储能充电（MW）	268	101	103	105

4. 接入系统方案拟定

（1）接入系统电压等级分析。

该项目装机容量 100MW，适合采用 110kV 及以上电压等级接入系统。结合风电场周边电网情况，主要针对风电场采用 110kV 电压等级接入电网系统进行分析研究。

（2）送电导线截面选择。

针对该项目采用 110kV 及以上电压等级接入电网进行分析研究。相关型号架空导线输送能力见表 3–4–13。

表 3–4–13　　　　相关型号架空导线输送能力

导线型号	安全工作电流（A）	输送容量（MW）
LGJ–300	690	106.5
LGJ–400	830	128
LGJ–2 × 240	1220	188
LGJ–2 × 300	1380	426

该项目采用 110kV 等级并网，可选 LGJ–300 及以上导线进行并网，考虑电网实际发展情况，并留有适当裕度。根据电网现状及发展情况，采用 LGJ–300 线路进行并网，该型号导线的允许载流量为 710A。该值对应环境温度 40℃，考虑到风电大发在冬、春季，环境温度会降低，导线允许载流量会上升，当环境温度按照 10℃考虑时，允许载流量可达到 942A，此时可输送 136MW（按线路 80% 负载率考虑）电力。当考虑极端情况，即风电（100MW）满发和分布式光伏（10MW）满发时，线路最大潮流为 106MW，300mm^2 的钢芯铝绞线可满足该潮流的输送且不重载。

（3）项目周边变电站简介。

该项目位于 H 市（县）O 镇、P 镇、Q 镇等乡镇。风电场升压站周边有 220kV 变电站 B、变电站 C，有 110kV 变电站 1 座，即变电站 D。

1）220kV 变电站 B。220kV 变电站 B 位于 H 市 O 镇 U 村东侧，距风电场升压站直线距离 4.4km，现有主变压器 2 台，主变压器容量 2 × 150MVA，电压等级 220kV/110kV/10kV。220kV 电气主接线为双母线接线，向东出线，规划出线 4 回，现有出线 3 回，备用 1 回。110kV 电气主接线为双母线接线，规划出线 10 回，现有 110kV 出线 9 回，备用 1 回。

2）220kV 变电站 C。220kV 变电站 C 位于 H 市 R 镇 V 村北部，距风电场升压站直线距离 7.2km，现有主变压器 2 台，主变压器规模 2×180MVA，电压等级 220kV/110kV/10kV。220kV 电气主接线为双母线接线，向北出线，规划出线 4 回，现有出线 2 回，备用 2 回。110kV 电气主接线为双母线接线，规划出线 10 回，现有出线 5 回，备用 5 回。

3）110kV 变电站 D。110kV 变电站 D 位于 H 市 O 镇 W 村东侧，距风电场升压站直线距离 2km，现有主变压器 1 台，主变压器容量 50MVA，电压等级 110kV/10kV。110kV 电气主接线为单母线分段接线，规划出线 4 回，现有出线 2 回，备用 2 回。

变电站 D 为单台主变压器运行，目前 1 号主变压器负荷由 CD 线主供。若风电项目 A 接入 110kV 变电站 D 东母线备用间隔，送出电源通过 CD 线返送到 220kV 变电站 C 系统消纳，远期变电站 D 单母分段运行，风电项目 A 仍送入变电站 C 系统进行消纳。若风电项目 A 接入 110kV 变电站 D 西母线备用间隔，当前送出电源通过 CD 线返送到 220kV 变电站 C 系统消纳，远期变电站 D 单母分段运行，风电项目 A 则送入变电站 B 系统进行消纳，为保持与远期一致性，则需调整当前变电站 D 运行方式，将 CD 线断开，由 BD 线供电。同时考虑到 E 风电项目升压站位于变电站 C 附近，拟接入变电站 C 系统，因此该风电考虑接入变电站 B 系统进行消纳，当该风电接入变电站 D 时，调整当前变电站 D 运行方式是必要的。

110kV 变电站 D 相关送出线路校核：变电站 D 至变电站 B110kV 线路导线型号和长度为 LGJ–300/6.1、LGJ–2×240/4.2km。变电站 D 至变电站 C110kV 线路导线型号和长度为 LGJ–300/4.2、LGJ–2×240/4.2km。

变电站 D 目前有 1 台 50MVA 主变压器。冬季、春季负荷较小，2022 年冬春季负荷稳定，不考虑春节期间影响及尖端等不正常负荷，2022 年变电站 D 最大负荷为 23.7MW，发生在 8.22 日中午 11 点左右。冬季小负荷日，变电站 D 日间小负荷发生在 12 时左右，约为 4MW；冬季夜间小负荷发生在 2 时左右，约为 3.5MW。

目前变电站 D 下接有 380V 分布式光伏约 10MW，考虑到该风电接入至变电站 D，当冬季日间风电、光伏大发时，送出潮流较大，需校核 BD 线及 CD 线载流量。

300mm^2 钢芯铝绞线环境温度 25℃允许载流量为 710A，对应热稳极限为 134MW。考虑冬季日间风电、光伏大发极端情况，即风电（100MW）满发和分布式光伏（10MW）满发时，考虑变电站 D 冬季日间小负荷 4MW，线路最大潮流为 106MW，300mm^2 钢芯铝绞线可满足输送要求。

（4）拟定接入系统方案。

风电项目 A 升压站距离 220kV 变电站 B 较近，风电项目 E 升压站距离 220kV 变电站 C 较近，综合考虑风电项目 A 和风电项目 E 的位置和消纳能力，建议风电项目 A 接入 220kV 变电站 B 系统，风电项目 E 接入 220kV 变电站 C 系统。

结合相关地区电网情况、该风电场装机规模、周边站点情况，初步拟定三个风电场接入系统方案：

方案一：风电场新建一座 110kV 升压站，通过 1 回 110kV 线路接至 110kV 变电站 D，新建线路型号及长度为 LGJ–2×240/3km，变电站 D 扩建 1 个 110kV 出线间隔（本间隔与 BD 线在西母线，需调整变电站 D 运行方式，由变电站 B 供电）。风电场接入系统方案一示意图见图 3–4–1。

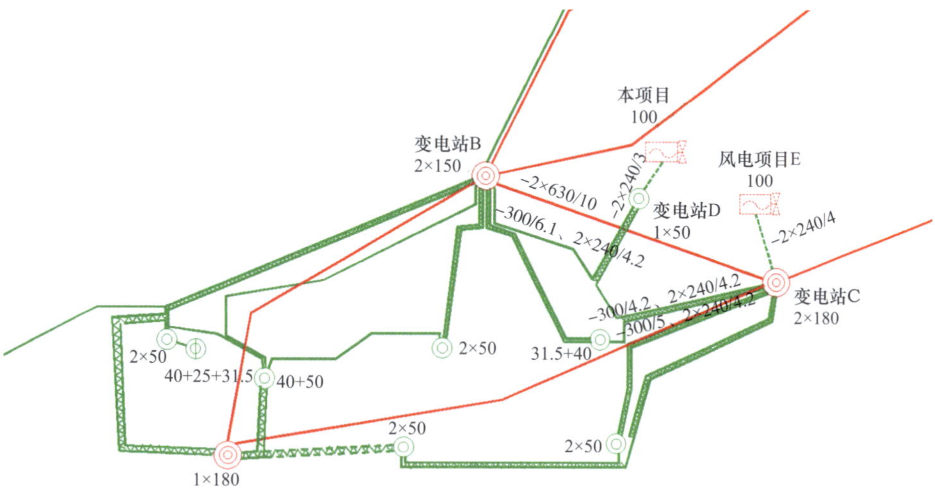

图 3–4–1　风电场接入系统方案一示意图

方案二：风电场新建一座 110kV 升压站，通过 1 回 110kV 线路接至 220kV 变电站 B 110kV 侧，新建线路型号及长度为 LGJ–2×240/6.5km，变电站 B 扩建 1 个 110kV 出线间隔。风电场接入系统方案二示意图见图 3–4–2。

方案三：风电场新建一座 110kV 升压站，通过 1 回 110kV 线路 T 接至 110kVBD 线，新建线路型号及长度为 LGJ–2×240/3km。风电场接入系统方案三示意图见图 3–4–3。

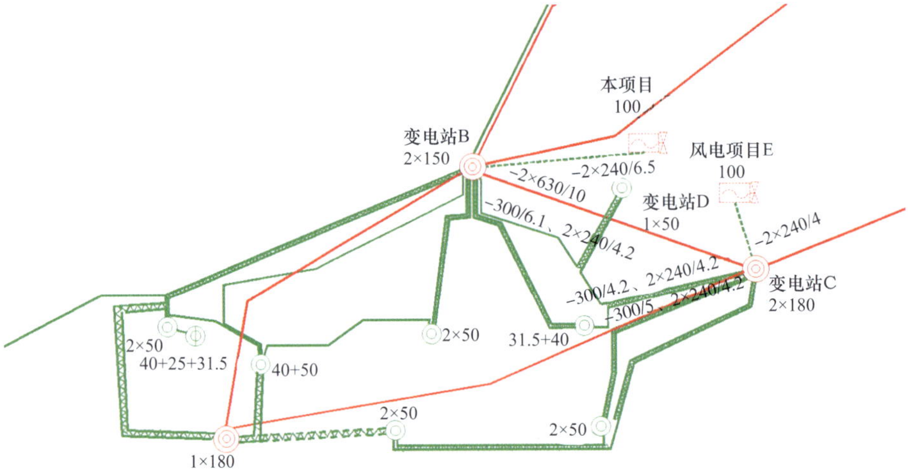

图 3-4-2　风电场接入系统方案二示意图

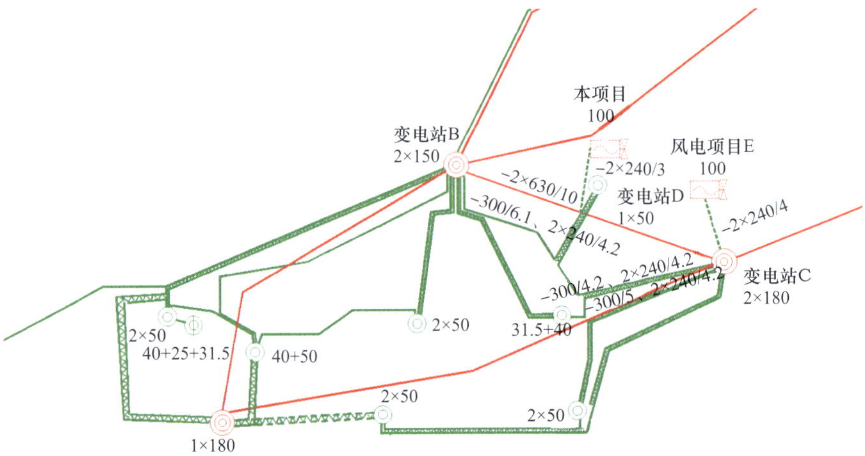

图 3-4-3　风电场接入系统方案三示意图

5. 方案经济技术比较

（1）潮流计算。

1）方案一：风电场接入 110kV 变电站 D，正常方式下由 220kV 变电站 B 供电，属于 220kV B 系统。风电场所发电力在 110kV 变电站 D 消纳部分电力后送往 220kV 变电站 B 完全消纳，相关主变压器及线路均满足 $N-1$ 校核要求。

2）方案二：风电场接入 220kV 变电站 B110kV 侧，属于 220kV B 系统，相关主变压器及线路均满足 $N-1$ 校核要求。

3）方案三：风电场 T 接变电站 B 至变电站 D110kV 线路，正常方式下由 220kV 变电站 B 供电，属于 220kV B 系统。风电场所发电力分别送往 110kV 变电站 D 和

220kV 变电站 B 进行消纳，相关主变压器及线路均满足 $N-1$ 校核要求。

（2）短路电流计算。

通过分析上述相关站点短路电流和短路容量的计算，相关站点短路容量比均低于10%，满足对风电场并网点短路容量比要求。

根据《新能源多场站短路比计算规范》（Q/GDW 12290—2023）中的计算方法，该项目多场站短路比为 13.4，可判断新能源发电单元接入电网为强系统。

（3）经济比较分析及推荐方案。

1）投资费用分析。对拟定各方案进行投资规模比较，110kV 间隔按照 100 万元/个计算，110kV LGJ–2×240 双回线路按照 80 万元/km 计算；仅比较各方案不同部分。风电场接入系统方案投资估算表见表 3–4–14。

表 3–4–14　　风电场接入系统方案投资估算表

项目		方案一	方案二	方案三
电网侧投资	并网线路型号长度（km）	LGJ–2×240/3	LGJ–2×240/6.5	LGJ–2×240/3
	并网线路投资（万元）	240	520	240
	出线间隔投资（万元）	100	100	0
	投资合计（万元）	340	620	240
风电场投资	升压站投资（万元）	460	460	460
	出线间隔投资（万元）	100	100	100
	投资合计（万元）	560	560	560
	总投资合计（万元）	900	1180	800

由表 3–4–14 可以看出，方案二投资最高，方案一及方案三次之，方案一比方案三多一个间隔投资 100 万元。

2）接入方案分析及推荐方案。

方案一风电项目 A 接入变电站 D 110kV 西母线，该方案近期并网线路最短，并网线路损耗小，网络结构清晰。但需调整变电站 D 运行方式（变电站 D 由变电站 C 供电），且当 BD 线检修时，变电站 D 倒负荷至变电站 C 系统，对潮流影响较大，风电项目 E 考虑接入变电站 C 系统，两个风电场同时运行于变电站 C 系统，220kV 变电站 C 上翻较多。

方案二风电项目 A 接入变电站 B 110kV 侧，该方案近期并网线路较短、投资较小，并网线路损耗适中，网络结构清晰，且不存在风电场随变电站倒负荷至不同的220kV 系统问题，运行更稳定，可靠性更高。但是方案二需占用 220kV 变电站 B 仅有的一个备用间隔，规划 110kV 变电站 F 将来需使用该间隔，该项目接入 220kV 变电站 B 需进行站外扩建，涉及国土空间规划调整，手续复杂，周期长，难度大，无法满足风电场 2024 年 12 月全部并网的要求。

方案三风电项目 A T 接入 BD 线，并网损耗高，网络结构不清晰。由于未直接接入变电站，该方案减少了一个 110kV 间隔投资，投资最低。但风电场 T 接 110kV BD 线，相对于直接接入变电站运行可靠性较低。当 BD 线 T 接点至 B 侧故障检修时，风电场随变电站 D 倒负荷至变电站 C 系统，对潮流影响较大。

综上所述，风电场接入变电站 D110kV 侧，潮流分布合理，运行方式清晰，送出线路相对较短，施工难度低，综合投资较少。因此推荐方案一为风电项目 A 的接入方案，即风电场新建一座 110kV 升压站，通过 1 回 110kV 线路接至 110kV 变电站 D，新建线路型号及长度为 LGJ–2×240/3km，变电站 D 扩建 1 个 110kV 出线间隔。

6. 稳定性计算

（1）故障方式。

1）线路三相永久接地故障。风电场并网 110kV 线路故障，0.0s 故障，0.15s 两端三相跳开。

相关 220kV 线路三相永久接地故障继电保护动作时间为：0.0s 故障，线路两端断路器 0.12s 三相跳开不重合。

相关 110kV 线路三相永久接地故障继电保护动作时间为：0.0s 故障，0.15s 电源端三相跳开，1.15s 近端三相重合、1.30s 三相跳开，不重合。

2）线路单相永久接地故障。220kV 线路一侧 0.0s 发生单相短路接地永久故障；线路两侧 0.12s 单相跳开，1.12s 单相重合，1.24s 三相跳开。

（2）相关线路故障时稳定计算结果。

相关线路故障时稳定计算结果见表 3–4–15。

表 3–4–15　相关线路故障时稳定计算结果

故障点	计算结果	对风电机组要求
并网线路两侧三相永久故障	电网保持稳定	允许风电机组全部切出
C 站至 B 站一回 220kV 线路 C 侧三相永久故障	电网保持稳定	允许风电机组全部切出
C 站至 B 站一回 220kV 线路 B 侧三相永久故障	电网保持稳定	允许风电机组全部切出
C 站至 B 站一回 220kV 线路 C 侧单相永久故障	电网保持稳定	应具备相应的低电压穿越能力
C 站至 B 站一回 220kV 线路 B 侧单相永久故障	电网保持稳定	应具备相应的低电压穿越能力

由计算结果可知，相关线路故障时，接入系统方案在继电保护装置及断路器正确动作故障线路正常跳开的情况下，系统侧均无电压稳定问题，风电场应具备相应的低电压穿越能力。

7. 无功补偿计算

该风电场升压变压器容量 100MVA，电压组合为 115±8×1.25% /37kV、U_d%=10.5%，箱式变压器为无载调压变压器，电压组合为 37±2×2.5% /1.14kV、U_d=6.5%。

该风电项目以推荐方案接入电网后，在风电场最大出力时，升压站内主变压器的无功损耗为 11.0Mvar，风电场内汇集线路的无功损耗之和为 5.3Mvar，各箱式变压器的无功损耗之和为 8.0Mvar，风电场并网线路无功损耗的一半为 1.0Mvar，风电场的无功损耗之和约为 25.3Mvar，考虑预留一些补偿裕度，该风电场应配置的容性无功补偿容量应不小于 26Mvar。

8. 结论及建议

风电场接入系统推荐方案：风电场内设 110kV 升压站，出线 1 回接入变电站 B 的 110kV 侧，新建线路长度 3.0km，导线截面积为 2×240mm^2。风电场本期配置储能系统容量 15MW/30MWh。

无功补偿：为适应系统和风电场风速变化等多种运行方式，建议风电场内本期配置 ±26Mvar 动态无功补偿装置（采用 SVG），以适应系统和风电场风速变化等多种运行方式。

风电场本期配置 1 台三相双绕组有载调压变压器，主变压器参数选择为 115±8×1.25% /37kV，主变压器容量 100MVA。箱式变压器采用无载调压变压器，电压组合为 37±2×2.5% /1.14kV。升压站 110kV 侧为单母线接线，35kV 侧为单母线接线。

风电场应提供可用于电网仿真计算的风电机组、风电场汇集系统、无功补偿装置等设备及风电机组 / 风电场控制系统模型及参数，用于风电场接入电网的规划设计及调度运行。

风电场所接入公共连接点的谐波注入电流应满足《电能质量 公用电网谐波》（GB/T 14549）、《电能质量 公用电网间谐波》（GB/T 24337）的要求，其中风电场向电网注入的谐波电流允许值应按照风电场装机容量与公共连接点的发 / 供电设备总容量之比进行分配。风电场接入后，引起并网点的间谐波应满足《电能质量 公用电网间谐波》（GB/T 24337）的要求。

风电场接入后，引起并网点的电压不平衡度应满足《电能质量 三相电压不平衡》

（GB/T 15543）的要求；引起并网点的电压偏差应满足《电能质量 供电电压偏差》（GB/T 12325）的要求。风电场接入电网后的电压偏差、闪变及谐波需结合风电场实际接入情况，必要时应通过风电场接入电网电能质量专题研究来评估。

风电场应配置电能质量监测设备应满足《电能质量监测设备通用要求》（GB/T 19862）的要求，以实时监测风电场电能质量指标是否满足要求；若不满足要求，风电场需安装电能质量治理设备，以确保风电场合格的电能质量。

并列点及人工解列点：并列点设在风电场并网线路的风电场侧，人工解列点设在并网线路的系统侧。

为满足风电场自身以及电网运行安全，风电场接入系统还应满足功率控制和电压调节要求、电网异常时的响应特性要求、安全与保护要求、通用技术要求、通信与信号要求等。

风电场应向电力系统调度机构提供风电场接入电网测试与验证报告；当风电场扩容后，应重新提交测试与验证报告。

风电场在申请接入电网测试与验证前需向电力系统调度机构提供风电机组及风电场的模型、参数和控制系统特性等资料。

风电场接入电网测试与验证由具备相应资质的机构进行，并在测试与验证前一个月将测试与验证方案上报所接入地区的电力系统调度机构备案。

风电场应当在全部机组并网调试运行后 6 个月内向电力系统调度机构提供有关风电场运行特性的测试与验证报告。

案例五：T 接到临近场站线路上的案例分析

项目案例：O 市 50MW 风电项目

方案分类：结合项目周边站点电力平衡分析及消纳空间分析，110kV 电网有消纳空间，可接入 110kV 电网。周边站点无出线间隔、线路路径困难或是系统站点距离较远，考虑采用 T 接方案。

1. 项目概况

风电场项目位于 O 市 X 县东北侧 10km 处，总装机容量 50MW，同时配套建设 5MW/10MWh 储能设施，计划 2024 年 12 月首台风电机组并网，2025 年 3 月所有风电机组并网发电。配套储能设施与风电场同期投产。

风电场年上网发电量 10292×10^4kWh，年等效满负荷利用小时数为 2058h。该风电场风功率密度等级为 1 级，该风电场选择双馈异步风机，单机额定功率 4.5 ~ 4.55MW，切入风速 2.5m/s，额定风速 8.6m/s，切出风速 20m/s。

2. 周边电力系统概况

2022 年 H 县最大负荷达到 443MW，同比降低 0.4%，全社会用电量 19.2×10^8kWh，同比增长 13.68%。

截至 2022 年底，H 县境内有 220kV 公用变电站 3 座，变电总容量 1080MVA，即变电站 A（2×180MVA）、变电站 C（2×180MVA）、变电站 D（2×180MVA）；共有 110kV 公用变电站 7 座，变电总容量 600MVA。

截至 2022 年底，H 县有统调风电场 3 座，装机总容量 79.5MW；地方公用及企业自备电厂 3 座，无分散式风电场，分布式光伏装机容量 253MW。

3. 电力平衡分析

（1）风电场出力分析。

结合山地和平原风电场风机出力特性，考虑一定的同时率，O 市风电场不高于 95% 出力概率出力系数结果表见表 3–5–1。

表 3–5–1　　O 市风电场不高于 95% 出力概率出力系数结果表

时段	出力系数	
	白天	夜间
夏季	0.6	0.75
春季	0.8	0.85
冬季	0.8	0.85

（2）负荷特性。

1）O 市供电区负荷特性。受分布式光伏影响，O 市供电区夏季大负荷日呈现晚高峰态势，晚高峰峰值 4200MW 出现于 22 ~ 23 时，午间最大负荷约 3800MW，负荷率 90.5%，出现在午间 14 ~ 15 时。

O 市供电区春季典型日大负荷日出现在早高峰，出现在 7 时左右，早高峰约为 2425MW，夜间低谷出现在凌晨 3 ~ 5 时，低谷负荷最低 2037MW，典型日负荷率为 75%，约为夏季大负荷的 58%。春季日间低谷负荷约为 2017MW，日间小负荷约为夏季大负荷的 48%。

O 市冬季典型日呈现午高峰和晚高峰态势，日间负荷低值约 1650MW，日间负荷低值约为全年最大负荷的 0.4，夜间负荷低值约 1250MW，夜间负荷低值约为全年最大负荷的 0.29。

2）X 县负荷特性。X 县夏季大负荷出现在晚高峰，晚高峰为 745MW，出现在 22 时左右；日间负荷峰值约为 625MW，出现在 12～13 时，为全年最大负荷的 0.84。

X 县冬季典型日呈现午高峰和晚高峰态势，日间负荷低值约 411MW，日间负荷低值约为全年最大负荷的 0.55，夜间负荷低值约 453MW，夜间负荷低值约为全年最大负荷的 0.61。

X 县春季典型日大负荷出现在 17 时左右，最大负荷约 542MW，日低谷负荷出现在 12 时，最小负荷为 456MW，日负荷率为 92.7%，约为全年最大负荷的 72.8%；夜间负荷低值约为 484MW，约为年最大负荷的 65%。

3）H 县负荷特性。H 县夏季大负荷日晚高峰 401MW 出现在 22～23 时，午间负荷约为 400.6MW，为全年最大负荷的 0.99。

H 县冬季典型负荷有日高峰与晚高峰，日高峰出现在 10～11 时，晚高峰出现在 19 时。日间小负荷约为 187MW，为全年最大负荷的 0.47；夜间小负荷约 149MW，为全年最大负荷的 0.37。

H 县春季典型日大负荷出现在 17 时左右，最大负荷约 294MW，日低谷负荷出现在 2 时，最小负荷为 188MW，日负荷率为 75.36%，约为全年最大负荷的 73.3%；日间负荷低值约为 201MW，约为年最大负荷的 50%。

（3）电力平衡原则。

1）平衡年份选择 2021～2025 年。

2）该项目全部机组并网时间为 2025 年 3 月，平衡中该项目按照 2025 年投运进行考虑。

3）分别对 H 县夏季夜间大负荷、冬季夜间小负荷、冬季日间小负荷进行平衡。

4）H 县冬季日间小负荷、冬季夜间小负荷均按照年最大负荷的 0.43 考虑。

5）统调电厂的厂用电取 8%，夏季大负荷，火电机组满出力，自备电厂的出力不考虑。冬季日间和冬季夜间低谷负荷，火电机组参与调峰，按最小出力考虑。

6）新能源出力方面，光伏日间 0.8，夜间 0，风电出力系数见表 3-5-2。

表 3-5-2　　风电出力系数表

时段	出力系数
夏季夜间	0.6
夏季日间	0.6
冬季日间	0.8
冬季晚间	0.85

（4）电力平衡结果。

1）O 市供电区电力平衡。分别对 O 市供电区夏季大负荷、冬季日间小负荷和冬季夜间小负荷进行电力平衡。

O 市供电区夏季夜间大负荷方式下，2025 年，火电机组全开机 20% 旋备方式下，O 市电力缺额 2675MW。O 市供电区夏季夜间大负荷电力平衡见表 3-5-3。

表 3-5-3　　O 市供电区夏季夜间大负荷电力平衡　　MW

项目	2021 年	2022 年	2023 年	2024 年	2025 年
1. 年度最大负荷	4687	5264	5500	5870	6250
2. 地方电源装机	1682	1842	1994	2134	2264
2.1 地方小电源	622	622	634	634	634
2.2 分布式光伏装机	1060	1220	1360	1500	1630
3. 夏季夜间网供最大负荷	4401	4978	5208	5578	5958
4. 电源装机	7066	7166	7266	7816	7816
4.1 火力发电（500kV）	1320	1320	1320	1320	1320
4.2 火力发电（220kV）	3240	3240	3240	3240	3240
4.3 集中式光伏	80	80	80	80	80
4.4 已核准风电	1226	1326	1426	1776	1776
4.5 列入开发计划风电	0	0	0	200	200
4.6 抽水蓄能	1200	1200	1200	1200	1200
5. 电源出力					
5.1 火力发电（500kV）	1214	1214	1214	1214	1214
5.2 火力发电（220kV）	2980	2980	2980	2980	2980

续表

项目	2021年	2022年	2023年	2024年	2025年
5.3 光伏	0	0	0	0	0
5.4 已核准风电	920	995	1070	1332	1332
5.5 列入开发计划风电	0	0	0	150	150
6. 电力盈亏					
6.1 不计新能源出力					
火电机组全出力	−206	−783	−1013	−1383	−1763
火电机组 20% 旋备	−1118	−1695	−1925	−2295	−2675
6.2 新能源按理论特性出力					
火电机组全出力	714	212	57	99	−281
火电机组 20% 旋备	−198	−700	−855	−813	−1193
抽水蓄能满发	1002	500	345	387	7
抽水蓄能满抽	−1398	−1900	−2055	−2013	−2393

O 市供电区冬季日间小负荷方式下，2025 年，火电按照采暖季最小出力方式，在计及新能源特性出力情况下，O 市电力盈余 990MW。O 市供电区冬季日间小负荷电力平衡见表 3-5-4。

表 3-5-4　　O 市供电区冬季日间小负荷电力平衡　　MW

项目	2021年	2022年	2023年	2024年	2025年
1. 年度最大负荷	4687	5264	5500	5870	6250
2. 夏季日间网供最大负荷	4401	4814	5208	5578	5958
3. 冬季日间网供小负荷	1760	1926	2083	2231	2383
4. 电源装机	7066	7166	7266	7816	7816
5. 电源出力	2773	2853	2933	3093	3093
5.1 火力发电（500kV）	304	305	306	307	308
5.2 火力发电（220kV）	1424	1423	1422	1421	1420
5.3 光伏	64	64	64	64	64
5.4 已核准风电	981	1061	1141	1776	1776
5.5 列入开发计划风电	0	0	0	160	160

续表

项目	2021 年	2022 年	2023 年	2024 年	2025 年
6. 电力盈亏					
6.1 不计新能源出力	−32	−198	−355	−503	−655
6.2 新能源按理论特性出力	1013	927	850	1142	990
6.3 抽水蓄能满抽	−187	−273	−350	−58	−210

O 市供电区冬季夜间小负荷方式下，2025 年，火电按照采暖季最小出力方式，在计及新能源特性出力情况下，电力盈余 1740MW。O 市供电区冬季夜间小负荷电力平衡见表 3-5-5。

表 3-5-5　　O 市供电区冬季夜间小负荷电力平衡　　MW

项目	2021 年	2022 年	2023 年	2024 年	2025 年
1. 年度最大负荷	4687	5264	5500	5870	6250
2. 夏季日间网供最大负荷	4401	4814	5208	5578	5958
3. 冬季夜间网供小负荷	1232	1348	1458	1562	1668
4. 电源装机	7066	7166	7266	7816	7816
5. 电源出力	2770	2855	2940	3110	3110
5.1 火力发电（500kV）	304	305	306	307	308
5.2 火力发电（220kV）	1424	1423	1422	1421	1420
5.3 光伏	0	0	0	0	0
5.4 已核准风电	1042	1127	1212	1510	1510
5.5 列入开发计划风电	0	0	0	170	170
6. 电力盈亏					
6.1 不计新能源出力	496	380	270	166	60
6.2 新能源按理论特性出力	1538	1507	1482	1846	1740
6.3 抽水蓄能满抽	338	307	282	646	540

2）H 县供电区电力平衡。对 H 县夏季午间大负荷、冬季日间小负荷和冬季夜间小负荷进行电力平衡。

H 县夏季大负荷方式下，考虑光伏 0.8 出力，已核准风电 0.6 出力方式下，H 县电网 2025 年电力盈余 114MW。H 县夏季午间大负荷电力平衡见表 3-5-6。

表 3-5-6　　H 县夏季午间大负荷电力平衡　　MW

项目	2021 年	2022 年	2023 年	2024 年	2025 年
1. 夏季午间大负荷	420	438	464	494	512
转供市区北部负荷	118	120	121	123	125
转供西部负荷	60	0	0	0	0
2. 地方电源装机	59	59	59	59	59
3. 夏季日间网供最大负荷	569	528	555	588	607
4. 电源装机					
4.1 已核准风电	120	148	198	198	198
含：F 风电	30	30	30	30	30
分散式风电	50	50	50	50	50
H 风电	40	40	40	40	40
G 风电	0	0	50	50	50
分散式风电	0	28	28	28	28
4.2 分布式光伏	78	223	335	502	753
5. 电源出力					
5.1 分布式光伏	62	179	268	402	602
5.2 已核准风电	72	89	119	119	119
6. H县电网电力盈亏	–435	–261	–169	–68	114

H 县冬季日间小负荷方式下，光伏 0.8 出力，已核准风电 0.8 出力方式下，H 县电网 2025 年电力盈余 513MW。H 县冬季日间小负荷电力平衡见表 3–5–7。

表 3-5-7　　H 县冬季日间小负荷电力平衡　　MW

项目	2021 年	2022 年	2023 年	2024 年	2025 年
1. 冬季日间小负荷	182	190	201	215	222
转供市区北部负荷	52	53	53	54	55
转供西部负荷	21	0	0	0	0
2. 地方电源装机	59	59	59	59	59
3. 冬季日间网供负荷	226	213	225	239	248

续表

项目	2021 年	2022 年	2023 年	2024 年	2025 年
4. 电源装机					
4.1 已核准风电	120	148	198	198	198
4.2 分布式光伏	78	223	335	502	753
5. 电源出力					
5.1 光伏	62	179	268	402	602
5.2 已核准风电	96	118	158	158	158
6. H县电网电力盈亏	−68	84	201	321	513

H 县冬季夜间小负荷方式下，光伏 0 出力，已核准风电 0.85 出力方式下，H 县电网 2025 年电力盈余 39.3MW。H 县冬季夜间小负荷电力平衡见表 3–5–8。

表 3–5–8　H 县冬季夜间小负荷电力平衡　MW

项目	2021 年	2022 年	2023 年	2024 年	2025 年
1. 冬季夜间小负荷	182	190	201	215	222
转供市区北部负荷	52	53	53	54	55
转供西部负荷	21	0	0	0	0
2. 地方电源装机	59	59	59	59	59
3. 冬季夜间网供负荷	226	213	225	239	248
4. 电源装机					
4.1 已核准风电	120	148	198	198	198
4.2 分布式光伏	78	223	335	502	753
5. 电源出力					
5.1 光伏	0	0	0	0	0
5.2 已核准风电	102	126	168	168	168
6. H县电网电力盈亏	−22	16	52	44	39

3）220kV 变电站 C 消纳空间分析。考虑已经审定新能源出力，主变压器功率因数按照 0.95 考虑，2025 年变电站 C 的 110kV 系统可接纳新能源电力约 167MW，可消

纳新增新能源装机 209MW，可完全接纳该风电场出力。变电站 C 的 110kV 系统新能源消纳空间分析见表 3–5–9。

表 3–5–9　变电站 C 的 110kV 系统新能源消纳空间分析

项目	2022 年	2023 年	2024 年	2025 年
1. 主变压器容量（MVA）	180+180	180+180	180+180	180+180
2. 夜间网供小负荷（MW）	35	38	41	49
3. 110kV 系统已接入小电厂容量（MW）	94	142	172	172
4. 小电厂出力（MW）	25.5	25.5	25.5	25.5
5. 消纳能力（MW）	221	191	183	209
6. 还可接纳新能源电力（MW）	177	153	146	167

4. 接入系统方案拟定

（1）接入系统电压等级分析。

该项目装机容量 50MW，适合采用 110kV 及以上电压等级接入系统。结合风电场周边电网情况，本书主要针对风电场采用 110kV 电压等级接入电网系统进行分析研究。

（2）送电导线截面选择。

针对该项目采用 110kV 电压等级接入电网进行分析研究。相关型号架空导线输送能力见表 3–5–10。

表 3–5–10　相关型号架空导线输送能力

导线型号	安全工作电流（A）	输送容量（MVA）
LGJ–300	690	106.5
LGJ–400	830	128
LGJ–2×240	1220	188

该项目采用 110kV 等级并网，可选 LGJ–300 及以上导线进行并网，考虑电网实际发展情况，并留有适当裕度，建议该项目并网线路型号选择 LGJ–2×240 导线。

（3）项目周边变电站简介。

该项目位于 O 市 X 县东北部。风电场升压站周边有 220kV 变电站 B、220kV 变电站 C，规划有 110kV 变电站 2 座，即 110kV 变电站 Z、110kV 变电站 G，风电场

N、风电场 F。

1）220kV 变电站 B。变电站 B 位于 X 县城东部，风电场升压站位于该变电站东北方向约 51km 处。变电站 B 主变压器规模 2×240MVA，现有主变压器 2×240MVA，电压等级 220kV/110kV/35kV；110kV 配电装置现为双母线接线，出线间隔规模 8 回，现出线 8 回，无备用间隔。

2）220kV 变电站 C。变电站 C 位于 H 县 AD 乡 HYZ 村西侧，风电场升压站位于该变电站北方向约 18km 处。变电站 C 主变压器规模 2×180MVA，现状为 2×180MVA，电压等级 220kV/110kV/10kV；110kV 配电装置现为双母线接线，出线间隔规模 10 回，现出线 5 回，尚有备用间隔 5 回。

3）风电场 F 升压站至变电站 C 110kV 线路。风电场 F 升压站至变电站 C 110kV 线路导线型号和长度为 LGJ–2×240/19km。风电场 F 升压站至变电站 C 110kV 线路春季和夏季允许载流量分别为 461、429A，输送极限分别为 83、78MW。风电场升压站距离该线路直线距离约 7km。

（4）拟定接入系统方案。

结合相关地区电网情况、该风场装机规模、周边站点情况，初步拟定两个风场接入系统方案：

1）方案一：该项目设一座 110kV 升压站，以 110kV 电压等级接入系统，出线 1 回接入变电站 B110kV 侧，新建导线型号及长度为 LGJ–2×240/21km。变电站 B 扩建 1 个 110kV 出线间隔，风电场升压站安装主变压器 1×50MVA，主接线采用变压器—线路单元接线。风电场接入系统方案一示意图见图 3–5–1。

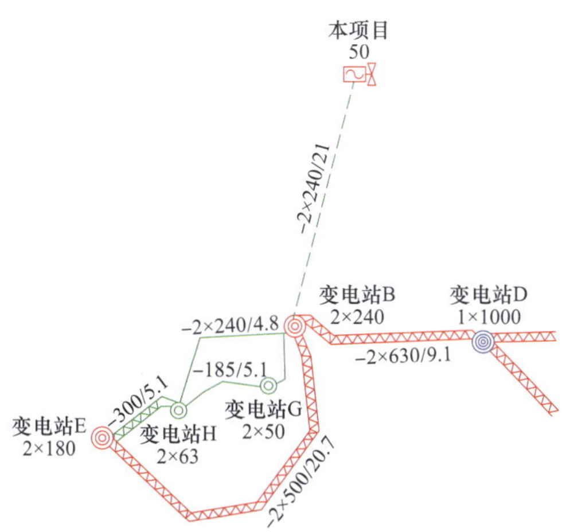

图 3–5–1　风电场接入系统方案一示意图

2）方案二：该项目设一座110kV升压站，以110kV电压等级接入系统，出线1回T接风电场F至变电站C的线路，T接导线型号及长度为LGJ–2×240/3.45km。风电场接入系统方案二示意图见图3–5–2。

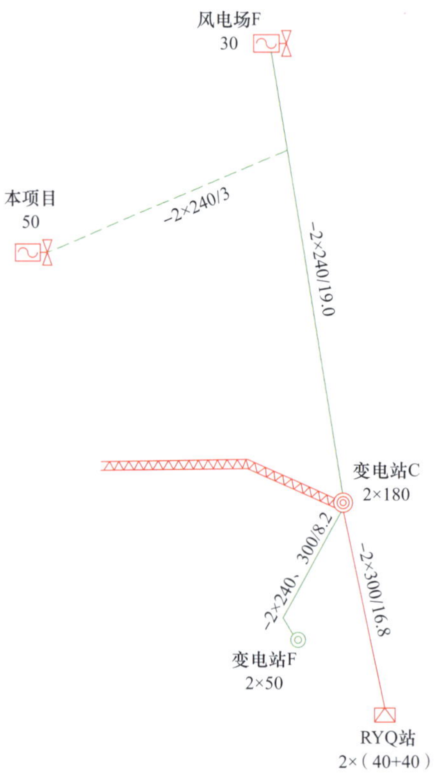

图3–5–2　风电场接入系统方案二示意图

5. 方案经济技术比较

（1）潮流计算。

1）方案一：风电场接入变电站B的110kV侧，正常方式下变电站B由变电站D供电，属于变电站D系统。风电场所发电力在变电站B消纳部分电力后送往变电站D完全消纳，相关主变压器及线路均满足N–1校核要求。

2）方案二：风电场T接入风电场F至220kV变电站C的110kV线路，正常方式下，风电场所发电力在变电站C消纳部分电力后送往变电站D完全消纳，相关主变压器及线路均满足N–1校核要求。

（2）短路电流计算。

通过分析上述相关站点短路电流和短路容量的计算，相关站点短路容量比均低于

10%，满足对风电场并网点短路容量比要求。

（3）经济比较分析及推荐方案。

1）投资费用分析。对拟定各方案不同部分进行投资规模比较，110kV 间隔按照 100 万元 / 个计算，110kV LGJ-2×240 双回线路按照 80 万元 /km 计算；仅比较各方案不同部分，风电场工程接入系统方案投资估算见表 3-5-11。

表 3-5-11　　　　风电场工程接入系统方案投资估算

<table>
<tr><th colspan="2">项目</th><th>方案一</th><th>方案二</th></tr>
<tr><td rowspan="7">电网侧投资</td><td>并网线路型号</td><td>LGJ-2×240/21</td><td>LGJ-2×240/3.45</td></tr>
<tr><td>长度（km）</td><td>21</td><td>3.45</td></tr>
<tr><td>并网线路投资（万元）</td><td>1680</td><td>276</td></tr>
<tr><td>改造线路长度（km）</td><td>0</td><td>0</td></tr>
<tr><td>线路改造投资（万元）</td><td></td><td>0</td></tr>
<tr><td>出线间隔投资（万元）</td><td>100</td><td>0</td></tr>
<tr><td>投资合计（万元）</td><td>1780</td><td>276</td></tr>
<tr><td rowspan="2">风电场投资</td><td>出线间隔投资（万元）</td><td>100</td><td>100</td></tr>
<tr><td>投资合计</td><td>100</td><td>100</td></tr>
<tr><td colspan="2">总投资合计</td><td>1880</td><td>376</td></tr>
</table>

由表 4-7-13 可以看出，本期两个方案投资主要在线路方面的差别，与方案二相比，方案一投资多 1504 万元。

2）接入方案分析及推荐方案。该项目就近接入电网，两个方案均可满足风电场接入需求。

方案一风电场接入变电站 B，接线方式明确，所发电力在变电站 B 系统消纳。该送出线路需要 4km 左右的电缆，投资成本剧增，且施工难度大。

方案二风电场 T 接风电场 F 至变电站 C 的 110kV 线路，所发电力在变电站 C 系统消纳。虽然 T 接入增加了运行的复杂性，但从供电区消纳来看，H 县供电区可以消纳风电出力。

综合以上分析，推荐方案二作为风电场接入系统方案，即该风电场以 110kV 电压等级接入电网，场内设 1 座 110kV 升压站，升压站出线 1 回 T 接入风电场 F 并网线路，新建导线型号及长度为 LGJ-2×240/3.45km。

6. 稳定性计算

（1）故障方式。

1）三相永久接地故障：风电场并网 110kV 线路故障，0.0s 故障，0.15s 两端三相跳开。

系统相关 220kV 线路故障，0.0s 故障，0.12s 线路两端三相跳开，不重合。

2）单相永久接地故障：220kV 线路 0.0s 故障，0.12s 单相跳开，1.12s 单相重合，1.24s 三相跳开。

3）同塔异名相单永接地故障：0.0s 故障，近远端线路断路器 0.12s 单相跳开，1.12s 单相重合，重合不成功，1.24s 双回线路三相跳开。

4）系统相关线路故障情况下，引起风电场升压站高压侧电压跌落至额定电压 20% 以下，风机零秒切出。

（2）相关线路故障时稳定计算结果。

相关线路故障稳定计算结果见表 3-5-12。

表 3-5-12　　相关线路故障稳定计算结果

故障点	计算结果	对风电机组要求
110kVY 站—GC 站线路 Y 站侧三永故障	电网保持稳定	允许风电机组全部切出
Y 站—JG220kV 线路 Y 站三永故障	电网保持稳定	允许风电机组全部切出
Y 站—JG220kV 线路 Y 站单永故障	风机与电网均保持稳定	应具备相应的低电压穿越能力
Y 站—RY 牵 220kV 线路 Y 站三永故障	风机与电网均保持稳定	应具备相应的低电压穿越能力
Y 站—RY 牵 220kV 线路 Y 站单永故障	风机与电网均保持稳定	应具备相应的低电压穿越能力

由计算结果可知，相关线路故障时，接入系统方案在继电保护装置及断路器正确动作故障线路正常跳开的情况下，系统侧均无电压稳定问题。

7. 推荐方案调压计算

根据推荐方案，该风电场与风电场 F 共用一回系统并网线，无功计算过程中考虑该风电场与风电场 F 同时大发运行情况。

升压站主变压器主变压器容量 50MVA，电压组合为 115±8×1.25%/37kV、U_d%=12.5%，箱式变压器为有载调电压互感器，电压组合为 37±2×2.5%/1.14kV、U_d=8.0%。

该风电项目以推荐方案接入电网后，在风电场最大出力时，升压站内主变压器的无功损耗为 16.0Mvar，风电场内汇集线路的无功损耗之和为 14.78Mvar，各箱式变压器的无功损耗之和为 9.5Mvar，风电场的无功损耗之和约为 19.95Mvar，考虑风电场 F 已经配置 ±10Mvar 无功补偿容量，并且需留有适当裕度，该风电场应配置的容性无功补偿容量应不小于 10Mvar。

8. 结论及建议

风电场接入系统推荐方案：风电场内设 110kV 升压站，出线 1 回 T 接风电场 F 至变电站 C 的 110kV 侧，新建线路长度 3km，导线截面积为 $2\times240mm^2$。

无功补偿：为适应系统和风电场风速变化等多种运行方式，建议风电场内本期配置 ±26Mvar 动态无功补偿装置（采用 SVG），以适应系统和风电场风速变化等多种运行方式。

风电场本期配置 1 台三相双绕组有载调压变压器，主变压器参数选择为 115±8×1.25%/37kV，主变压器容量 50MVA。箱式变压器采用无载调压变压器，电压组合为 37±2×2.5%/1.14kV。升压站 110kV 侧为变压器—线路单元接线方式，35kV 侧为单母线接线。

风电场应提供可用于电网仿真计算的风电机组、风电场汇集系统、无功补偿装置等设备及风电机组/风电场控制系统模型及参数，用于风电场接入电网的规划设计及调度运行。

风电场所接入公共连接点的谐波注入电流应满足《电能质量 公用电网谐波》（GB/T 14549）、《电能质量 公用电网间谐波》（GB/T 24337）的要求，其中风电场向电网注入的谐波电流允许值应按照风电场装机容量与公共连接点的发/供电设备总容量之比进行分配。风电场接入后，引起并网点的间谐波应满足《电能质量 公用电网间谐波》（GB/T 24337）的要求。

风电场接入后，引起并网点的电压不平衡度应满足《电能质量 三相电压不平衡》（GB/T 15543）的要求；引起并网点的电压偏差应满足《电能质量 供电电压偏差》（GB/T 12325）的要求。风电场接入电网后的电压偏差、闪变及谐波需结合风电场实际接入情况，必要时应通过风电场接入电网电能质量专题研究来评估。

风电场应配置电能质量监测设备应满足《电能质量监测设备通用要求》（GB/T 19862）的要求，以实时监测风电场电能质量指标是否满足要求；若不满足要求，风电场需安装电能质量治理设备，以确保风电场合格的电能质量。

并列点及人工解列点：并列点设在风电场并网线路的风电场侧，人工解列点设在并网线路的系统侧。

为满足风电场自身以及电网运行安全，风电场接入系统还应满足功率控制和电压调节要求、电网异常时的响应特性要求、安全与保护要求、通用技术要求、通信与信号要求等。

风电场应向电力系统调度机构提供风电场接入电网测试与验证报告；当风电场扩容后，应重新提交测试与验证报告。

风电场在申请接入电网测试与验证前需向电力系统调度机构提供风电机组及风电场的模型、参数和控制系统特性等资料。

风电场接入电网测试与验证由具备相应资质的机构进行，并在测试与验证前一个月将测试与验证方案上报所接入地区的电力系统调度机构备案。

风电场应当在全部机组并网调试运行后6个月内向电力系统调度机构提供有关风电场运行特性的测试与验证报告。

4 光伏电站接入系统设计（一次部分）典型案例

案例一：需要采取过渡方案的案例分析

项目案例：Y 县 DY 光伏

方案分类：结合项目周边站点电力平衡分析及消纳空间分析，110kV 电网有消纳空间，接入 110kV 电网。与规划结合，采取过渡方案，光伏项目并网线路路径及导线截面兼顾系统规划站点。

1. 项目概况

DY 光伏项目位于 O 市 Y 县城西南部，总装机容量 55MWp，配套建设 8.4MW/16.8MWh 储能设施，计划 2024 年 12 月底所有光伏机组并网发电。配套储能设施与光伏电站同期投产。

考虑光伏发电站寿命 25 年，25 年期间的总发电量为 162250×10^4kWh，年均发电设备利用小时数为 1120.4h。

2. 周边电力系统概况

2022 年 Y 县最大负荷达到 518MW，同比增长 4.8%，全社会用电量 21.85×10^8kWh，同比增长 16.3%。

截至 2022 年底，Y 县境内有 220kV 公用变电站 2 座，变电总容量 600MVA，即 MX 变电站（2×180MVA）、LS 变电站（1×240MVA）；共有 110kV 公用变电站 9 座，变电总容量为 696MVA。

截至 2022 年底，Y 县无常规统调电源，常规地方公用及企业自备电厂 1 座，装机容量 15MW；分散式风电场 2 座，装机容量 52MW，分布式光伏装机容量 251.2MW。

3. 电力平衡分析

（1）光伏出力特性。

目前，O 市光伏电站多为固定式安装，光伏电站受光伏阵列效率、逆变器转换效率、交流并网效率等多方面因素的影响，实际出力效率仅为光伏装机总容量的 80% 左右。因此，对光伏电站出力特性，仅考虑白天午间前后光伏电站有较大出力，其出力系数按 0.8 考虑，夜间光伏电站按不出力考虑。

（2）负荷特性。

1）O 市供电区负荷特性。O 市夏季 7~8 月、冬季 1 月出现全年峰值，年最大负荷 4997MW，2～4 月、10～11 月负荷较小。

2022 年 O 市夏季大负荷日出现午高峰和晚高峰两个峰值，午高峰出现在 13 时左右，晚高峰出现在 22 时左右，晚高峰高于午高峰，午高峰为 4507MW，晚高峰约为 4997MW，约为午高峰的 90%，日最小负荷约为 3292MW，日负荷率为 66%。

2022 年 O 市春季典型日大负荷出现在晚高峰，出现在 18 时左右，晚高峰约为 2685MW，夜间低谷出现在凌晨 3～5 时，低谷负荷最低 2005MW，典型日负荷率为 0.75，约为夏季大负荷的 40%。春季日间低谷负荷约为 2313MW，日间小负荷约为夏季大负荷的 46%。

2022 年 O 市冬季典型日大负荷出现在晚高峰，出现在 18 时左右，晚高峰约为 2863MW，夜间低谷负荷出现在 3～5 时，最小负荷约为 1789MW，小负荷率为 0.62，13 时约为夏季大负荷的 36%，日间低谷出现在 13～14 时，日间小负荷为 2098MW，约为夏季大负荷的 42%。

2）Y 县供电区负荷特性。Y 县 1、6、8 月负荷较大，其他季节负荷均较小，全年最高负荷 492MW。

2022 年 Y 县夏季大负荷出现在晚高峰，晚高峰为 492MW，出现在 21 时左右；日间负荷峰值约为 476MW，出现在 18 时左右，约为晚高峰的 97%；日最小负荷约 266MW，出现在凌晨 5～6 时，日负荷率为 0.54。

2022 年 Y 县春季典型日大负荷出现在 18 时左右，最大负荷约为 210MW，日低谷出现在凌晨 3～6 时，最小负荷为 100MW，日负荷率为 0.48，约为年最大负荷的 20%；日间低谷负荷约为 136MW，约为年最大负荷的 28%。

2022 年 Y 县冬季典型日大负荷出现在晚高峰，出现在 18 时左右，晚高峰约为 284MW，日低谷出现在凌晨 1～5 时，最小负荷为 105MW，日负荷率为 0.37，约为年最大负荷的 21%；日间低谷负荷约为 218MW，约为年最大负荷的 44%。

3）MX 变电站负荷特性分析。MX 变电站 1、6、8 月负荷较大，其他季节负荷均较小，全年最高负荷 317.75MW。

2022 年 MX 变电站夏季大负荷出现在 18 时左右，最大负荷为 318MW，日最小负荷约 177MW，出现在凌晨 5～6 时，日负荷率为 0.56。

2022 年 MX 变电站春季典型日大负荷出现在 18 时左右，最大负荷约为 157MW，日低谷出现在凌晨 3～6 时，最小负荷为 50MW，日负荷率为 0.32，约为年最大负荷的 16%；日间低谷负荷约为 75MW，约为年最大负荷的 24%。

2022 年 MX 变电站冬季典型日大负荷出现在晚高峰，出现在 18 时左右，晚高峰约为 166MW，日低谷出现在凌晨 1～5 时，最小负荷为 63MW，17 日负荷率为 0.38，约为年最大负荷的 20%；日间低谷负荷约为 90MW，约为年最大负荷的 28%。

（3）电力平衡原则。

1）平衡年份选择 2022～2030 年。

2）该项目全部机组并网时间为 2024 年底，平衡中该项目按照 2025 年投运进行考虑。

3）分别对 Y 县夏季日间大负荷、春季夜间小负荷、春季日间小负荷进行平衡。

4）Y 县春季日间小负荷按照年最大负荷的 0.28 考虑，春季夜间小负荷按照年最大负荷的 0.20 考虑；冬季日间小负荷按照年最大负荷的 0.44 考虑，冬季夜间小负荷按照年最大负荷的 0.37 考虑。

5）统调火电采暖季最小开机方式：采暖季供热可单机停运机组单机停运，非供热机组中两台机组电厂单机运行，多台机组电厂两台机组运行。统调火电采暖季最小出力：在火电机组采暖季最小开机方式下，考虑运行的火电机组全部充分调峰，此时为火电机组采暖季的最小出力。

6）新能源出力方面，光伏日间 0.8，夜间 0，风电出力系数表见表 4–1–1。

表 4–1–1　风电出力系数表

时段	出力系数
夏季日间	0.50
夏季夜间	0.55
春季日间	0.80
春季夜间	0.85
冬季日间	0.70
冬季夜间	0.75

（4）电力平衡结果。

1）O 市供电区电力平衡。分别对 O 市供电区夏季日间大负荷、冬季日间小负荷和冬季夜间小负荷进行电力平衡。

O 市供电区夏季日间大负荷方式下，不计抽水蓄能，统调火电全开机，计及已审风电 0.5 出力，已投运集中式光伏 0.8 出力时，2025 年 O 市供电区电力盈余 444MW，220kV 电力缺额 770MW。O 市供电区夏季大负荷电力平衡见表 4-1-2。

表 4-1-2　O 市供电区夏季日间大负荷电力平衡　MW

项目	2022 年	2023 年	2024 年	2025 年	2030 年
1. O 市供电区夏季日间大负荷	4376	5112	5535	5985	7278
2. 地方电厂装机	2381	3313	3693	4033	4033
常规地方电厂	493	493	533	533	533
分布式光伏	1888	2820	3160	3500	3500
3. 需网供负荷	3563	4019	4320	4668	5962
4. 装机容量	7148	7346	7546	8021	8021
4.1 统调火电	4560	4560	4560	4560	4560
4.2 抽水蓄能电厂	1200	1200	1200	1200	1200
4.3 风电装机	1308	1506	1706	2056	2056
其中：已投产	1308	1308	1308	1308	1308
已审未投产	0	198	398	398	398
未审定	0	0	0	350	350
4.4 集中式光伏装机	80	80	80	205	205
其中：已投光伏	80	80	80	80	80
未审定光伏（含本项目）	0	0	0	125	125
5. 储能电站	0	0	330	501	501
独立共享储能	0	0	300	300	300
新能源配套储能	0	0	30	201	201
6. 统调火电供电能力	4195	4195	4195	4195	4195
7. 220kV 常规电厂供电能力	2981	2981	2981	2981	2981
8. 全区电力盈亏（全开机）					
8.1 计及已投光伏、已投风电、已审未投风电	1351	993	792	444	−849
8.2 计及已投光伏、已投风电、已审未投风电 + 未审风光	1351	993	792	719	−574

续表

项目	2022 年	2023 年	2024 年	2025 年	2030 年
8.3 计及已投光伏、已投风电、已审未投风电 + 未审风光 + 储能放电 0.5	1351	993	957	969	–324
9. 220kV 电力盈亏（全开机）					
9.1 计及已投光伏、已投风电、已审未投风电	136	–221	–422	–770	–2064
9.2 计及已投光伏、已投风电、已审未投风电 + 未审风光	136	–221	–422	–495	–1789
9.3 计及已投光伏、已投风电、已审未投风电 + 未审风光 + 储能放电 0.5	136	–221	–257	–245	–1538

O 市供电区冬季日间小负荷方式下，抽水蓄能抽水，统调火电最小出力，已投运光伏 0.8 出力，已投及已审风电 0.65 出力方式下，O 市供电区 2025 年全区电力盈余 1075MW。220kV 层面电力盈余 1945MW。O 市供电区冬季日间小负荷电力平衡见表 4–1–3。

表 4–1–3　　O 市供电区冬季日间小负荷电力平衡　　MW

项目	2022 年	2023 年	2024 年	2025 年	2030 年
1. O 市供电区冬季日间小负荷	2042	2386	2583	2793	3397
2. 地方电厂装机	2381	3313	3693	4033	4033
常规地方电厂	493	493	533	533	533
分布式光伏	1888	2820	3160	3500	3500
3. 需网供负荷	851	729	736	776	1380
4. 装机容量	7148	7346	7546	8021	8021
4.1 统调火电	4560	4560	4560	4560	4560
4.2 抽水蓄能电厂	1200	1200	1200	1200	1200
4.3 风电装机	1308	1506	1706	2056	2056
其中：已投产	1308	1308	1308	1308	1308
已审未投产	0	198	398	398	398
未审定	0	0	0	350	350

续表

项目	2022 年	2023 年	2024 年	2025 年	2030 年
4.4 集中式光伏装机	80	80	80	205	205
其中：已投光伏	80	80	80	80	80
未审定光伏（含本项目）	0	0	0	125	125
5. 储能电站	0	0	330	501	501
独立共享储能	0	0	300	300	300
新能源配套储能	0	0	30	201	201
6. 统调火电供电能力	1878	1878	1878	1878	1878
7. 220kV 常规电厂供电能力	1548	1548	1548	1548	1548
8. 全区电力盈亏（火电最小开机、最小出力、抽水蓄能抽水）					
8.1 计及已投光伏、已投风电、已审未投风电	741	992	1115	1075	471
8.2 计及已投光伏、已投风电、已审未投风电 + 未审风光	741	992	1115	1402	799
8.3 计及已投光伏、已投风电、已审未投风电 + 未审风光 + 储能充电 0.5	741	992	950	1152	548
9. 220kV 电力盈亏（火电最小开机、最小出力）					
9.1 计及已投光伏、已投风电、已审未投风电	1611	1862	1985	1945	1341
9.2 计及已投光伏、已投风电、已审未投风电 + 未审风光	1611	1862	1985	2272	1669
9.3 计及已投光伏、已投风电、已审未投风电 + 未审风光 + 储能充电 0.5	1611	1862	1820	2022	1418

O 市供电区冬季夜间小负荷方式下，抽水蓄能电站抽水，统调火电最小出力，已投及已审风电 0.70 出力方式下，2025 年 O 市供电区电力缺额 255MW，220kV 电力盈余 615MW。O 市供电区冬季夜间小负荷电力平衡见表 4-1-4。

表 4-1-4　　O 市供电区冬季夜间小负荷电力平衡　　MW

项目	2022 年	2023 年	2024 年	2025 年	2030 年
1. O 市供电区冬季夜间小负荷	1750	2045	2214	2394	2911
2. 地方电厂装机	2381	3313	3693	4033	4033
常规地方电厂	493	493	533	533	533
分布式光伏	1888	2820	3160	3500	3500
3. 需网供负荷	1504	1798	1947	2127	2645
4. 装机容量	7148	7346	7546	8021	8021
4.1 统调火电	4560	4560	4560	4560	4560
4.2 抽水蓄能电厂	1200	1200	1200	1200	1200
4.3 风电装机	1308	1506	1706	2056	2056
其中：已投产	1308	1308	1308	1308	1308
已审未投产	0	198	398	398	398
未审定	0	0	0	350	350
4.4 集中式光伏装机	80	80	80	205	205
其中：已投光伏	80	80	80	80	80
未审定光伏（含本项目）	0	0	0	125	125
5. 储能电站	0	0	330	501	501
独立共享储能	0	0	300	300	300
新能源配套储能	0	0	30	201	201
6. 统调火电供电能力	1878	1878	1878	1878	1878
其中：220kV 电厂供电能力	1548	1548	1548	1548	1548
7. 全区电力盈亏（火电最小开机、最小出力、抽水蓄能抽水）					
7.1 计及已投光伏、已投风电、已审未投风电	90	−66	−75	−255	−772
7.2 计及已投光伏、已投风电、已审未投风电 + 未审风光	90	−66	−75	−10	−527
7.3 计及已投光伏、已投风电、已审未投风电 + 未审风光 + 储能充电 0.5	90	−66	−240	−260	−778

续表

项目	2022 年	2023 年	2024 年	2025 年	2030 年
8. 220kV 电力盈亏（火电最小开机、最小出力）					
8.1 计及已投光伏、已投风电、已审未投风电	960	804	795	615	98
8.2 计及已投光伏、已投风电、已审未投风电 + 未审风光	960	804	795	860	343
8.3 计及已投光伏、已投风电、已审未投风电 + 未审风光 + 储能充电 0.5	960	804	630	610	92

2）Y 县供电区电力平衡结果。分别对 Y 县供电区夏季日间大负荷、春季日间小负荷和春季夜间小负荷进行电力平衡。

Y 县夏季日间大负荷方式下，考虑已投及已审风电 50% 出力，光伏 80% 出力，2025 年 Y 县电力缺额 578MW。Y 县供电区夏季日间大负荷电力平衡见表 4-1-5。

表 4-1-5　　Y 县供电区夏季日间大负荷电力平衡　　MW

项目	2022 年	2023 年	2024 年	2025 年	2030 年
1. Y 县夏季日间大负荷	502	616	722	812	1042
2. 地方电厂装机	266	465	515	515	515
常规地方电厂	15	15	15	15	15
分布式光伏	251	450	500	500	500
3. 需网供负荷	420	473	564	654	884
4. 装机容量	52	52	152	407	407
4.1 风电装机	52	52	152	352	352
其中：已投产	52	52	52	52	52
已审未投产	0	0	100	100	100
未审定	0	0	0	200	200
4.2 集中式光伏装机	0	0	0	55	55
其中：已投光伏	0	0	0	0	0
未审定光伏（本项目）	0	0	0	55	55

续表

项目	2022 年	2023 年	2024 年	2025 年	2030 年
5. 储能电站	0	0	15	113	113
独立共享储能	0	0	0	0	0
新能源配套储能	0	0	15	113	113
6. 全区电力盈亏					
6.1 计及已投光伏、已投风电、已审未投风电	-394	-447	-488	-578	-808
6.2 计及已投光伏、已投风电、已审未投风电 + 未审风光	-394	-447	-488	-434	-664
6.3 计及已投光伏、已投风电、已审未投风电 + 未审风光 + 储能放电 0.5	-394	-447	-481	-378	-608

Y 县供电区春季日间小负荷方式下，考虑已投及已审风电 80% 出力，光伏 80% 出力，2025 年 Y 县电力盈余 145MW。Y 县供电区春季日间小负荷电力平衡见表 4-1-6。

表 4-1-6　　Y 县供电区春季日间小负荷电力平衡　　MW

项目	2022 年	2023 年	2024 年	2025 年	2030 年
1. Y 县春季日间小负荷	145	178	208	234	301
2. 地方电厂装机	266	465	515	515	515
常规地方电厂	15	15	15	15	15
分布式光伏	251	450	500	500	500
3. 需网供负荷	12	-55	-49	-23	43
4. 装机容量	52	52	152	407	407
4.1 风电装机	52	52	152	352	352
其中：已投产	52	52	52	52	52
已审未投产	0	0	100	100	100
未审定	0	0	0	200	200
4.2 集中式光伏装机	0	0	0	55	55
其中：已投光伏	0	0	0	0	0

续表

项目	2022 年	2023 年	2024 年	2025 年	2030 年
未审定光伏（本项目）	0	0	0	55	55
5. 储能电站	0	0	15	113	113
独立共享储能	0	0	0	0	0
新能源配套储能	0	0	15	113	113
6. 全区电力盈亏					
6.1 计及已投光伏、已投风电、已审未投风电	30	96	171	145	78
6.2 计及已投光伏、已投风电、已审未投风电 + 未审风光	30	96	171	349	282
6.3 计及已投光伏、已投风电、已审未投风电 + 未审风光 + 储能充电 0.5	30	96	163	292	226

Y 县供电区春季夜间小负荷方式下，考虑已投及已审风电 85% 出力，2025 年 Y 县电力缺额 31MW。Y 县供电区春季夜间小负荷电力平衡见表 4-1-7。

表 4-1-7　　Y 县供电区春季夜间小负荷电力平衡　　MW

项目	2022 年	2023 年	2024 年	2025 年	2030 年
1. Y 县春季夜间小负荷	104	127	149	167	215
2. 地方电厂装机	266	465	515	515	515
常规地方电厂	15	15	15	15	15
分布式光伏	251	450	500	500	500
3. 需网供负荷	96	120	141	160	207
4. 装机容量	52	52	152	407	407
4.1 风电装机	52	52	152	352	352
其中：已投产	52	52	52	52	52
已审未投产	0	0	100	100	100
未审定	0	0	0	200	200
4.2 集中式光伏装机	0	0	0	55	55
其中：已投光伏	0	0	0	0	0

续表

项目	2022 年	2023 年	2024 年	2025 年	2030 年
未审定光伏（本项目）	0	0	0	55	55
5. 储能电站	0	0	15	113	113
独立共享储能	0	0	0	0	0
新能源配套储能	0	0	15	113	113
6. 全区电力盈亏					
6.1 计及已投光伏、已投风电、已审未投风电	–52	–75	–12	–31	–78
6.2 计及已投光伏、已投风电、已审未投风电 + 未审风光	–52	–75	–12	139	92
6.3 计及已投光伏、已投风电、已审未投风电 + 未审风光 + 储能充电 0.5	–52	–75	–24	83	35

3）220kV 变电站消纳空间分析。

a. MX 变电站。春季日间小负荷方式下，考虑已投运风电 80% 出力，光伏 80% 出力，2025 年 MX 变电站电力缺额 78MW；计及该项目，2025 年电力缺额 34MW。MX 变电站小负荷电力平衡表见表 4–1–8。

表 4–1–8　MX 变电站小负荷电力平衡表　MW

项目	2023 年	2024 年	2025 年	2030 年
1. MX 变电站春季日间小负荷	76	71	78	81
2. 地方电厂装机	15	0	0	0
常规地方电厂	15	0	0	0
分布式光伏	0	0	0	0
3. 需网供负荷	68	71	78	81
4. 装机容量	22	0	55	55
YM 风电场	22	0	0	0
DY 光伏 – 本项目	0	0	55	55
5. 储能电站	0	15	23.4	23.4
6. 电力盈亏				

续表

项目	2023年	2024年	2025年	2030年
计及已投风电	–51	–71	–78	–81
计及已投风电 + 本项目	–51	–71	–34	–37
计及已投风电 + 本项目 + 储能	–51	–64.5	–46	–49

b. LS 变电站。春季日间小负荷时段，考虑已投运风电 80% 出力、光伏 80% 出力，2025 年 LS 变电站电力缺额 37MW；计及该项目，2025 年 LS 变电站电力盈余 7MW。LS 变电站供电范围小负荷电力平衡表见表 4–1–9。

表 4–1–9　　LS 变电站供电范围小负荷电力平衡表　　MW

项目	2023年	2024年	2025年	2030年
1. LS 变电站春季日间小负荷	42	50	55	78
2. 地方电厂装机	0	0	0	0
3. 需网供负荷	42	50	55	78
4. 装机容量	22	22	77	77
LTW 风电场	22	22	22	22
DY 光伏 – 本项目	—	—	55	55
5. 储能电站	—	—	8.4	8.4
6. 全区电力盈亏	—	—	—	—
计及已投风电	–24	–33	–37	–61
计及已投风电 + 本项目	–24	–33	7	–17
计及已投风电 + 本项目 + 储能	–24	–33	3	–21

4. 接入系统方案拟定

（1）接入系统电压等级分析。

该项目装机容量 55MWp，适合采用 110kV 及以上电压等级接入系统。结合风电场周边电网情况，该报告主要针对光伏电站采用 110kV 电压等级接入电网系统进行分析研究。

（2）送电导线截面选择。

针对该项目采用110kV电压等级接入电网进行分析研究。相关型号架空导线输送能力见表4-1-10。

表4-1-10　相关型号架空导线输送能力

导线型号	安全工作电流（A）	输送容量（MVA）
LGJ-300	690	106.5
LGJ-400	830	128
LGJ-2×240	1220	188

该项目采用110kV等级并网，可选LGJ-300及以上导线进行并网，考虑电网实际发展情况，并留有适当裕度，建议该项目并网线路型号选择LGJ-400导线。

（3）项目周边变电站简介。

该项目位于O市Y县西部。光伏电站升压站周边有220kV LS变电站，有110kV变电站3座，即110kV HS变电站（由35kV HS变电站升压）、DZ变电站和FH变电站（规划）。

1）220kV LS变电站。该项目距离LS变电站正东方向约11km处。LS变电站主变压器规模3×240MVA，现有主变压器1×240MVA，电压等级220kV/110kV/10kV，110kV主接线采用双母线接线，110kV出线规划12回，至2023年底，LS变电站110kV出线7回，预计2025年新增至HS变电站2回，届时备用3回。

2）110kV HS变电站（35kV HS变电站升压）。该项目距离HS变电站西北方向约4km处。根据电网规划，“十四五”末期对HS变电站进行升压，预计2025年底、2026年初投运，主变压器最终规模3×50MVA，一期1×50MVA。110kV单母线分段接线，出线规模4回，一期2回，至220kV LS变电站，备用2回。

3）110kV DZ变电站。该项目位于距离DZ变电站西南方向约8km处。现有主变压器2台，主变压器容量2×50MVA，电压等级110kV/10kV。110kV电气主接线为单母线分段接线，规划出线4回，现有110kV出线2回，2回接至MX变电站。备用出线2回，根据相关规划，其中1回至用户WX变电站，可用备用出线1回。

4）110kV FH变电站（规划）。该项目在距离FH变电站东南方向约7km处，计划 2023 年 12 月投运。FH 变电站主变压器规模为 3×63MVA，本期主变压器 1×63MVA，电压等级 110kV/10kV。110kV 电气主接线为单母线分段接线，规划出线 4 回，本期出线 2 回至 220kV LS 变电站，备用 2 回。

（4）拟定接入系统方案。

结合相关地区电网情况、该光伏电站装机规模、周边站点情况，初步拟定 3 个光伏电站接入系统方案：

1）方案一：该项目新建一座 110kV 升压站，升压站 110kV 侧出线 1 回接入规划 110kV HS 变电站（35kV HS 变电站升压），考虑到 110kV HS 变电站投产时间晚于该项目，过渡方案为：DY 光伏电站出线 1 回接入 LS 变电站 110kV 侧，线路路径兼顾规划的 HS 变电站站址，待 110kV HS 变电站投运后，DY 光伏最终接入 HS 变电站，新建导线型号为 LGJ–400。光伏电站接入系统方案一示意图见图 4–1–1。

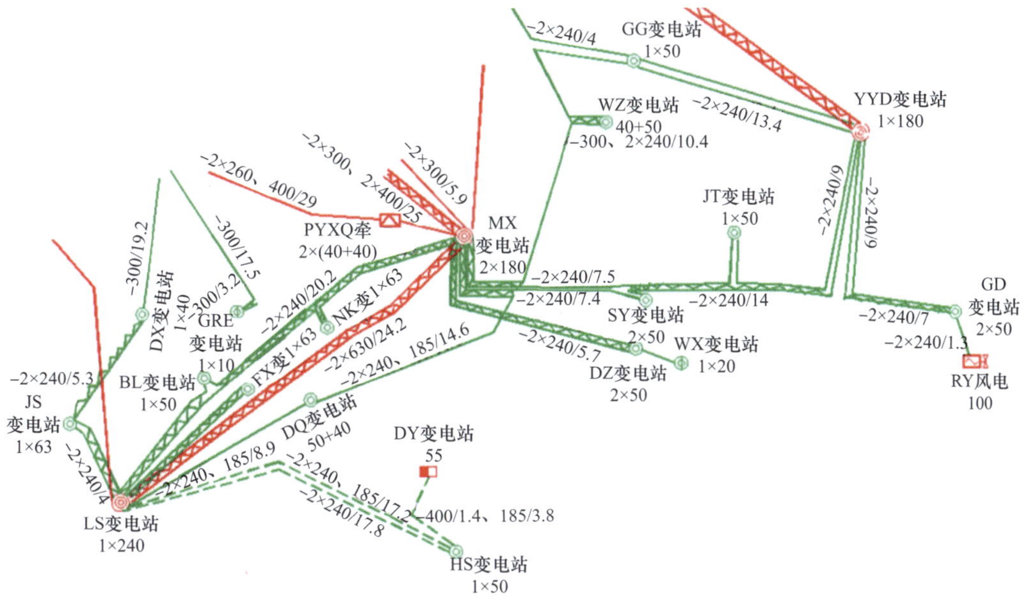

图 4–1–1　光伏电站接入系统方案一示意图

2）方案二：该项目新建一座 110kV 升压站，升压站 110kV 侧出线 1 回接入 110kV DZ 变电站，形成 DY 光伏—DZ 变电站线路，新建导线型号为 LGJ–400。光伏电站接入系统方案二示意图见图 4–1–2。

3）方案三：该项目新建一座 110kV 升压站，升压站 110kV 侧出线 1 回接入规划 110kV FH 变电站，形成 DY 光伏—FH 变电站线路，新建导线型号为 LGJ–400。光伏电站接入系统方案三示意图见图 4–1–3。

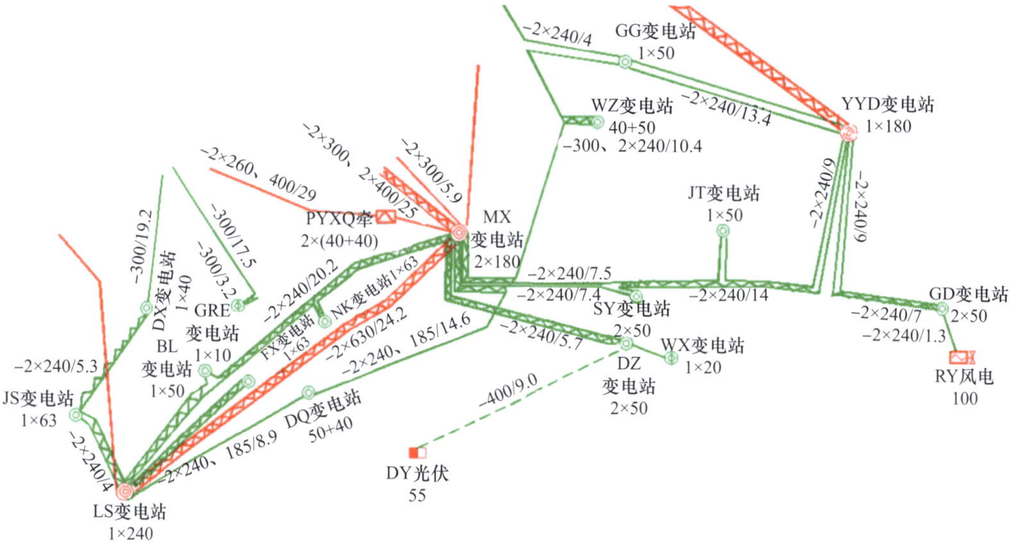

图 4-1-2　光伏电站接入系统方案二示意图

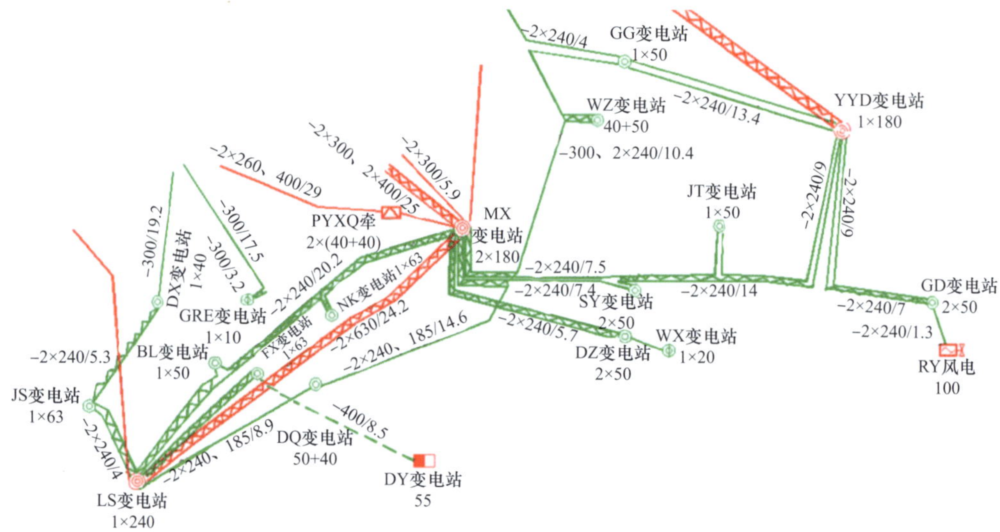

图 4-1-3　光伏电站接入系统方案三示意图

5. 方案经济技术比较

（1）潮流计算。

1）方案一：光伏电站接入 HS 变电站的 110kV 侧，正常方式下 HS 变电站由 220kV LS 变电站供电，属于 LS 变电站系统。光伏电站所发电力在 HS 变电站消纳部分电力后送往 LS 变电站消纳，少量电力盈余上翻，相关主变压器及线路均满足 $N-1$ 校核要求。

2）方案二：光伏电站接入 DZ 变电站的 110kV 侧，正常方式下 DZ 变电站由 220kV MX 变电站供电，属于 MX 变电站系统。光伏电站所发电力在 DZ 变电站消纳部分电力后送往 MX 变电站完全消纳，相关主变压器及线路均满足 N–1 校核要求。

3）方案三：光伏电站接入 FH 变电站的 110kV 侧，正常方式下 FH 变电站由 220kV LS 变电站供电，属于 LS 变电站系统。光伏电站所发电力在 HS 变电站消纳部分电力后送往 LS 变电站消纳，少量电力盈余上翻，相关主变压器及线路均满足 N–1 校核要求。

（2）短路电流计算。

通过分析上述相关站点短路电流和短路容量的计算，相关站点短路容量比均低于 10%，满足对光伏电站并网点短路容量比要求。

（3）经济比较分析及推荐方案。

1）投资费用分析。对拟定各方案不同部分进行投资规模比较，110kV 间隔按照 100 万元 / 个计算，110kV LGJ–400 双回线路按照 70 万元 /km 计算；仅比较各方案不同部分，光伏电站接入系统方案投资估算表见表 4–1–11。

表 4–1–11　光伏电站接入系统方案投资估算表　万元

项目	方案一	方案二	方案三
架空线路	2×240/7.2+6.8（挂线）+400/1.4km	–400/9km	–400/8.5km
架空线路投资	924	630	595
系统侧间隔	1	1	1
光伏电站侧间隔	1	1	1
间隔投资	200	200	200
跨越高铁费用	50	50	50
跨越高速费用	0	0	100
合计	1174	880	945
差额	294	0	65
合计 – 不计 HS 变电站投资	524	880	945
差额	0	356	421

由表 4–1–11 可以看出，方案一过渡方案提前建设了 HS 变电站—LS 变电站线路工程，投资最高，方案三并网线路最短，但因跨越高铁、高速公路，增加投资，投资居

中，方案二投资最少。若方案一按照最终方案考虑，则方案一投资最低，方案三最高，方案二居中。

2）接入方案分析及推荐方案。该项目就近接入 Y 县电网，三个方案均可满足风电场接入需求。

方案一光伏电站接入 HS 变电站，所发电力不能完全在 LS 变电站系统消纳。方案一不考虑提前建设的线路投资，该方案投资最少，损耗最低，且该方案并网线路无须跨越高速公路和铁路，施工难度较小，经济性较好。

方案二光伏电站接入 DZ 变电站，所发电力能够在 MX 变电站系统消纳。方案二新建线路较长，并网线路损耗及网损较高，线路需跨越规划高铁，后续送出工程难度加大。

方案三光伏电站接入 FH 变电站，所发电力不能完全在 LS 变电站系统消纳。方案三新建线路长度较短，并网线路损耗及网损较少，但线路需跨越高速公路和铁路，且 FH 变电站电缆线路投运时间不确定性较大，存在 FH 变电站滞后于该项目投运的风险，该方案实施难度最大。

综合以上分析，推荐方案一作为光伏电站接入系统方案，即该光伏电站以 110kV 电压等级接入电网，场内设 1 座 110kV 升压站，终期升压站出线 1 回接入 HS 变电站，新建导线型号为 LGJ–400。

6. 稳定性计算

（1）故障方式。

1）三相永久接地故障：系统相关 110kV 线路故障，0.0s 故障，0.15s 近端三相跳开，0.65s 远端三相跳开，1.15s 近端三相重合、1.30s 三相跳开；系统相关 220kV 线路故障，0.0s 故障，0.12s 线路两端三相跳开，不重合。

2）单相永久接地故障：220kV 线路 0.0s 故障，0.12s 单相跳开，1.12s 单相重合，1.24s 三相跳开。

（2）相关线路故障时稳定计算结果。

相关线路故障稳定计算结果见表 4–1–12。

表 4–1–12　　相关线路故障稳定计算结果

故障点	计算结果	对风电机组要求
光伏电站—HS 110kV 线路光伏侧三相故障	电网保持稳定	光伏电站全部切出
光伏电站—HS 110kV 线路 HS 侧三相故障	电网保持稳定	光伏电站全部切出

续表

故障点	计算结果	对风电机组要求
MX 变电站—LS 220kV 线路 LS 侧三相故障	电网保持稳定	应具备低电压穿越能力
MX 变电站—LS 220kV 线路 MX 侧三相故障	电网保持稳定	应具备低电压穿越能力
MX 变电站—LS 220kV 线路 LS 侧单相故障	电网保持稳定	应具备低电压穿越能力
MX 变电站—LS 220kV 线路 MX 侧单相故障	电网保持稳定	应具备低电压穿越能力
MX 变电站—FH 110kV 线路 MX 侧三相故障	电网保持稳定	应具备低电压穿越能力
MX 变电站—FH 110kV 线路 FH 侧三相故障	电网保持稳定	光伏电站全部切出

由计算结果可知，相关线路故障时，接入系统方案在继电保护装置及断路器正确动作故障线路正常跳开的情况下，系统侧均无电压稳定问题。

7. 推荐方案调压计算

DY 光伏电站以推荐方案接入电网后，在光伏发电站最大出力时，光伏电站内变压器无功损耗为 5.8Mvar、集电线路无功损耗为 3.1Mvar，各箱式变压器的无功损耗之和为 3.6Mvar，光伏电站内无功损耗最大约为 12.5Mvar，光伏电站并网线路无功损耗的一半约为 0.6Mvar，光伏电站的无功损耗之和约为 12.9Mvar；考虑预留一些补偿裕度，光伏电站应配置的容性无功补偿容量应不小于 13Mvar。

考虑到光伏发电站出力可能突然增加或减小，为满足光伏发电站接入电网后各种运行工况要求，该光伏发电站配置动态无功补偿装置，根据计算分析结果，动态无功补偿容量不小于 ±13Mvar，动态无功响应时间应不大于 30ms。

8. 结论及建议

（1）根据 HN 发展和改革委员会下发的《关于下达 2021 年新增 0.6 万千瓦及以上光伏项目开发方案的通知》〔发改新能源（2021）926 号〕，DY 光伏电站项目已纳入 HN 省 2021 年风电、光伏开发方案，装机容量 55MWp，同时配套建设 8.4MW/16.8MWh 储能设施。

（2）DY 光伏电站接入系统方案：DY 光伏项目新建一座 110kV 升压站，升压站 110kV 侧出线 1 回，接入规划 110kV HS 变电站（35kV HS 变电站升压），考虑到 110kV HS 变电站投产时间晚于该项目，过渡方案为：DY 光伏电站出线 1 回接入 LS 变电站 110kV 侧，线路路径兼顾规划的 HS 变电站站址，按照方案一暂推荐路径方案一，DY 光伏至 LS 线路导线及长度为 –400/1.4km、–2×240/14.0km。待 110kV HS

变电站投运后，DY 光伏最终接入 HS 变电站，并网线路导线截面积长度为 –400/1.4、185/3.8km。

（3）根据推荐方案中短路电流计算结果及电网接入点情况，建议光伏电站 110kV 电压等级断路器开断电流能力选择 40kA，与电网侧保持一致。

（4）无功补偿：建议 DY 光伏电站项目配置动态无功补偿装置，动态无功补偿容量可选 ±13Mvar，动态无功响应时间应不大于 30ms。

（5）升压变电站主变压器参数建议：DY 光伏电站本期设 1 座 110kV 升压站，本期装设 1×55MVA 主变压器，采用有载调压变压器，电压等级 110kV/35kV，110kV 主接线采用线变组接线形式，35kV 侧采用单母线接线形式。

（6）光伏电站所采用的逆变器应具备足够的无功调节能力，逆变器出口处功率因数应满足在超前 0.95 到滞后 0.95 的范围内动态可调，且应按系统需要设定功率因数。

（7）DY 光伏电站应配置电能质量实时在线监测装置，所装设的电能质量监测装置应满足现行国家标准《电能质量监测设备通用要求》（GB/T 19862）的有关规定。

（8）并列点及人工解列点：并列点设在光伏发电站并网线路的光伏发电站侧，人工解列点设在并网线路的系统侧。

（9）为满足光伏发电站自身以及电网运行安全，光伏电站接入系统还应满足功率控制和电压调节要求、电网异常时的响应特性要求、安全与保护要求、通用技术要求、通信与信号要求等。

（10）建议加强对光伏发电站的运行管理。由于太阳能光伏发电系统的输出功率不稳定，DY 光伏 55MWp 光伏发电项目实际并网运行后，建议对其谐波电流、电压进行测量，检测其是否满足国家标准的相关规定，如不满足，应采取加装滤波装置等相应措施。

案例二：基于“互联网＋”的多种能源互补型智能电站接入系统案例分析

项目案例：T 县基于“互联网＋”智慧新能源的多种能源互补型智能电站项目光伏部分项目

方案分类：结合项目周边站点电力平衡分析及消纳空间分析，110kV 电网有消纳空间，可接入 110kV 电网。项目不再新建升压站，接入邻近新能源场站升压站 35kV 侧，打捆接入电网。

1. 项目概况

多种能源互补型智能电站项目 X 位于 A 市 T 县，一期工程 30MW 分散式风电即 Z 风电场已全部并网发电，本期 X 光伏电站装机规模 40MWp，同时配套建设 4MW/8MWh 储能设施，预计 2024 年 12 月全部建成投运。配套储能设施与光伏电站同期投产。

光伏电站在运行期 25 年内总发电量为 142213.3 × 10^4kWh，年平均发电量为 5688.5 × 10^4kWh，年等效满负荷利用小时数为 1185.1h。

2. 周边电力系统概况

2022 年 T 县全社会最大负荷 443MW，同比增长 4.2%，全社会用电量 19.86 × 10^8kWh，同比增长 4.5%。

截至 2022 年底，T 县境内有 220kV 公用变电站 3 座，变电总容量 720MVA，即变电站 T（2 × 180MVA）、变电站 D（1 × 180MVA）、变电站 Y（1 × 180MVA）；共有 110kV 公用变电站 8 座，变电容量 556MVA。

截至 2022 年底，T 县无常规统调火电，统调光伏电站 4 座，总装机容量 148.5MW；统调风电场 2 座，总装机容量 251.5MW；共有分布式风电场装机 102MW、分布式光伏装机 35MW。

3. 电力平衡分析

（1）负荷特性。

1）A 市供电区负荷特性分析。

2022 年，A 市供电区年度最大负荷出现在夏季午间，最大负荷时刻值为 4028MW。

2022 年，A 市供电区冬季最小负荷出现在夜间 2:00 ~ 3:00，约为 1600MW，约占年最大负荷的 0.40；日间最小负荷出现在 13:00 ~ 14:00，午间小负荷为 1800MW，约占年最大负荷的 0.45。

综上所述，A 市供电区小负荷日出现在冬季，冬季日间小负荷约为全年最大负荷的 0.45，夜间小负荷约为全年最大负荷的 0.40。

2）T 县负荷特性分析。

T 县夏季大负荷日午间负荷较大，最大负荷出现于 12 时，全年最高负荷约 416MW。

T 县春季典型日日间负荷较高，夜间负荷较低，日间负荷低值约 202MW，日间负荷低值约为全年最大负荷的 0.50，夜间负荷低值约 152MW，夜间负荷低值约为全年最大负荷的 0.37。

T 县冬季典型日日间负荷较高，夜间负荷较低，日间负荷低值约 165MW，日间负荷低值约为全年最大负荷的 0.40，夜间负荷低值约 124MW，夜间负荷低值约为全年最大负荷的 0.30。

综上所述，T 县小负荷出现在冬季，冬季日间小负荷约为全年最大负荷的 0.40；夜间小负荷约为全年最大负荷的 0.30。

3）变电站 T 负荷特性分析。变电站 T 夏季大负荷日下午负荷较大，最大负荷出现于 18 时，183MW。

变电站 T 秋季典型日日间负荷低值约 49MW，日间负荷低值约为全年最大负荷的 0.27。

变电站 T 冬季典型日日间负荷低值约 59MW，日间负荷低值约为全年最大负荷的 0.32。

综上所述，变电站 T 秋季日间小负荷相对较小，约为全年最大负荷的 0.27。

（2）电力平衡原则。

1）平衡年份选择 2020 ~ 2025 年。

2）该项目全部机组并网时间为 2024 年底，平衡中该项目按照 2025 年投运进行考虑。

3）分别对 A 市、T 县夏季日间大负荷、冬季日间小负荷进行平衡。

4）T 县冬（秋）季日间小负荷按照年最大负荷的 0.40 考虑。

5）火电机组冬季（采暖季）非供热机组出力系数 0.5，2 台及以下机组单机运行，超过 2 台按 2 台考虑；供热机组出力系数 0.6，600MW 以下机组全开机，600MW 以上单机运行；火电机组非采暖季最小出力 0.5。

6）新能源出力方面，光伏日间 0.8，风电出力系数见表 4-2-1。

表 4-2-1　　风电出力系数表

区域	A 市	T 县	变电站 T
夏季日间	0.3	0.6	0.6
冬（秋）季日间	0.5	0.8	0.85

（3）电力平衡结果。

1）A 市供电区电力平衡。A 市供电区夏季日间大负荷方式下，考虑风电 0.3 出力、光伏 0.8 出力，A 市供电区 2025 年电力缺额为 703MW。A 市供电区夏季日间大负荷电力平衡见表 4-2-2。

表 4-2-2　　A 市供电区夏季日间大负荷电力平衡　　MW

项目	2020 年	2021 年	2022 年	2023 年	2024 年	2025 年
1. A 市夏季大负荷	4490	4800	5050	5250	5500	5750
2. 地方及企业自备电厂装机	333	353	353	353	397	397
2.1 分散式风电	203	478	478	478	478	478
2.2 分布式光伏	461	461	461	461	461	461
3. 统调负荷	3894	4111	4361	4561	4789	5039
4. 统调装机						
统调火电	2320	2670	2670	2670	2670	2670
统调风电	2522	2985	3085	3085	3085	3085
统调光伏	1093	1193	1193	1193	1193	1193
5. 统调电厂供电能力	3765	4306	4336	4336	4336	4336
统调火电出力	2134	2456	2456	2456	2456	2456
统调风电出力	757	896	926	926	926	926
统调光伏出力	874	954	954	954	954	954
6. 电力盈亏（风电出力系数 0.3）						
计及风电光伏	−128	195	−25	−225	−453	−703
不计风电光伏	−1759	−1655	−1905	−2105	−2333	−2583

A 市供电区冬季日间小负荷方式下，考虑风电 0.5 出力、光伏 0.8 出力，A 市供电区 2025 年电力盈余为 1532MW。A 市供电区冬季日间小负荷电力平衡见表 4-2-3。

表 4-2-3　　A 市供电区冬季日间小负荷电力平衡　　MW

项目	2020 年	2021 年	2022 年	2023 年	2024 年	2025 年
1. A 市冬季日间小负荷	2006	2145	2257	2346	2458	2570
2. 地方电厂装机	333	353	353	353	397	397
2.1 分散式风电	203	478	478	478	478	478

续表

项目	2020年	2021年	2022年	2023年	2024年	2025年
2.2 分布式光伏	461	461	461	461	461	461
3. 统调负荷	1369	1360	1472	1562	1651	1763
4. 统调装机						
统调火电	2320	2670	2670	2670	2670	2670
统调风电	2522	2985	3085	3085	3085	3085
统调光伏	1093	1193	1193	1193	1193	1193
5. 统调电厂供电能力	2933	3245	3295	3295	3295	3295
统调火电出力	798	798	798	798	798	798
统调风电出力	1261	1493	1543	1543	1543	1543
统调光伏出力	874	954	954	954	954	954
6. 电力盈亏（风电出力系数 0.5）						
计及风电光伏	1564	1884	1822	1733	1643	1532
不计风电光伏	-571	-562	-674	-764	-853	-965

2）T 县供电区电力平衡。T 县夏季日间大负荷方式下，考虑风电 0.6 出力、光伏 0.8 出力，T 县供电区 2025 年电力缺额为 251MW。T 县夏季大负荷电力平衡见表 4-2-4。

表 4-2-4　T 县夏季大负荷电力平衡　MW

项目	2020年	2021年	2022年	2023年	2024年	2025年
1. T 县夏季大负荷	440	460	480	500	525	550
2. 地方及企业自备电厂装机	0	0	0	0	0	0
2.1 分散式风电	102	102	102	102	102	102
2.2 分布式光伏	35	35	35	35	35	35
3. 统调负荷	351	371	391	411	436	461
4. 统调装机						
统调火电	0	0	0	0	0	0

项目	2020年	2021年	2022年	2023年	2024年	2025年
统调风电	252	252	252	252	252	252
统调光伏	149	149	149	149	149	149
5. 统调电厂供电能力	270	270	270	270	270	270
统调火电出力	0	0	0	0	0	0
统调风电出力	151	151	151	151	151	151
统调光伏出力	59	59	59	59	59	59
6. 电力盈亏（风电出力系数 0.6）						
计及风电光伏	-141	-161	-181	-201	-226	-251
不计风电光伏	-351	-371	-391	-411	-436	-461

T 县冬季日间小负荷方式下，考虑风电 0.8 出力、光伏 0.8 出力，T 县供电区 2025 年电力盈余为 150MW。T 县冬季小负荷电力平衡见表 4-2-5。

表 4-2-5　　T 县冬季小负荷电力平衡　　MW

项目	2020年	2021年	2022年	2023年	2024年	2025年
1. T 县冬季日间小负荷	176	184	192	200	210	220
2. 地方电厂装机	0	0	0	0	0	0
2.1 分散式风电	102	102	102	102	102	102
2.2 分布式光伏	35	35	35	35	35	35
3. 统调负荷	351	371	391	411	436	461
4. 统调装机						
统调火电	0	0	0	0	0	0
统调风电	252	252	252	252	252	252
统调光伏	149	149	149	149	149	149
5. 统调电厂供电能力	320	320	320	320	320	320
统调火电出力	0	0	0	0	0	0
统调风电出力	201	201	201	201	201	201
统调光伏出力	59	59	59	59	59	59

续表

项目	2020年	2021年	2022年	2023年	2024年	2025年
6. 电力盈亏（风电出力系数0.8）						
计及风电光伏	194	186	178	170	160	150
不计风电光伏	−67	−75	−83	−91	−101	−111

3）220kV 变电站消纳空间分析。

a. 变电站T。考虑已经审定新能源出力，变电站T 110kV 系统 2025 年可接纳新能源电力约 54MW，可满足该光伏项目接入。变电站T新能源消纳空间分析见表4–2–6。

表 4–2–6　　变电站T新能源消纳空间分析

项目	2020年	2021年	2022年	2023年	2024年	2025年
1. 主变压器容量（MVA）	180	180	180	180	180	180
2. 日间最小负荷（MW）	49	52	54	57	59	62
3. 110kV 系统已接入新能源出力（MW）	199	199	199	199	199	199
4. 还可接入新能源出力（MW）	30	33	35	38	40	43
5. 还可接入光伏容量（MW）	37	41	44	47	50	54

b. 变电站D。考虑已经审定新能源出力，变电站D 110kV 系统 2025 年可接纳新能源电力约 242MW，可满足该光伏项目接入。变电站D新能源消纳空间分析见表4–2–7。

表 4–2–7　　变电站D新能源消纳空间分析

项目	2020年	2021年	2022年	2023年	2024年	2025年
1. 主变压器容量（MVA）	180	180	180	180	180	180
2. 日间最小负荷（MW）	17	18	19	19	20	21
3. 110kV 系统已接入新能源出力（MW）	7	7	7	7	7	7
4. 还可接入新能源出力（MW）	190	190	190	190	190	190
5. 还可接入光伏容量（MW）	237	238	239	240	241	242

4. 接入系统方案拟定

（1）接入系统电压等级分析。

光伏发电站接入电压等级应根据自身发电容量来确定，并结合所在地区的供电网络，综合考虑相关电压等级电网的输配电容量、电能质量等技术要求。

根据相关技术规定及参考已有实际工程并网情况，小型光伏电站一般通过 380V 电压等级接入电网，中型光伏电站一般通过 10～35kV 电压等级接入电网，大型光伏电站一般通过 66kV 及以上电压等级接入电网。X 光伏电站项目最终容量 40MWp，本期建设 40MWp，适合以 110kV 电压等级接入电网。根据拟建光伏发电站所在地区电网情况可知，110kV 电压等级具有较好的接入条件。因此，本书将主要针对该光伏发电站采用 110kV 电压等级接入电网进行分析研究。

（2）送电导线截面选择。

针对该项目采用 110kV 电压等级接入电网进行分析研究。相关架空导线输送能力见表 4–2–8。

表 4–2–8　相关型号导线输送能力

导线型号	安全工作电流（A）	输送容量（MVA）
LGJ–300	690	106.5
LGJ–400	830	128
LGJ–2×240	1220	188

该项目采用 110kV 等级并网，可选 LGJ–300 及以上导线进行并网，考虑电网实际发展情况，并留有适当裕度，建议该项目并网线路型号选择 LGJ–300 导线。

（3）项目周边变电站简介。

该项目位于 A 市 T 县西南部。光伏电站周边有 220kV 变电站 T、变电站 D、110kV 变电站 Y。

1）220kV 变电站 T。变电站 T 位于 T 县西北部，与该项目直线距离 10km。现有主变压器容量 2×180MVA，电压等级为 220kV/110kV/10kV；110kV 接线方式为双母线接线，规划出线规模 13 回，现出线 11 回，备用 2 回。变电站 T 位于 T 县县城西北侧，该光伏进站路径需从北部绕行，变电站 T 站口路径困难，需考虑电缆。

2）220kV 变电站 D。变电站 D 位于 T 县县城以南，与该项目直线距离 8km。现有主变压器容量 1×180MVA，电压等级为 220kV/110kV/10kV；110kV 接线方式为单母线分段接线，现出线3回，备用2回。变电站T位于Y钢铁厂园区内，需要电缆穿越厂区，且位于铁路和渠东，接入路径条件不好。

3）110kV变电站Y。变电站Y位于T县G工业区内，与该项目直线距离7km。现有主变压器容量2×50MVA，电压等级为110kV/35kV/10kV；110kV接线方式为单母线分段接线，规划出线规模4回，现出线2回，至220kV变电站T、220kV 变电站Y各1回。变电站Y位于工业园内，周边厂房建筑密集，需要电缆进线。

4）110kV风电场Z升压站。风电场Z装机规模30MW，设置1座110kV升压站，升压变压器容量74MVA，110kV侧采用变压器—线路单元接线方式，出线1回至220kV变电站T，线路型号及长度为LGJ–400/4km+LGJ–2×240/10km+电缆0.6km，35kV侧一期采用单母线接线方式，最终为两段母线方式。升压变压器为该项目预留了变电容量和接入条件，该项目可直接接入风电场Z升压变压器的35kV侧，并通过风电场Z并网线路接入电网。

（4）拟定接入系统方案。

结合相关地区电网情况、该项目装机规模、周边站点情况，初步拟定三个光伏电站接入系统方案：

1）方案一：该项目通过35kV电压等级接入风电场Z升压站35kV侧，利用风电场Z升压变压器及110kV并网线路接入220kV变电站T的110kV侧。光伏电站接入系统方案一示意图见图4–2–1。

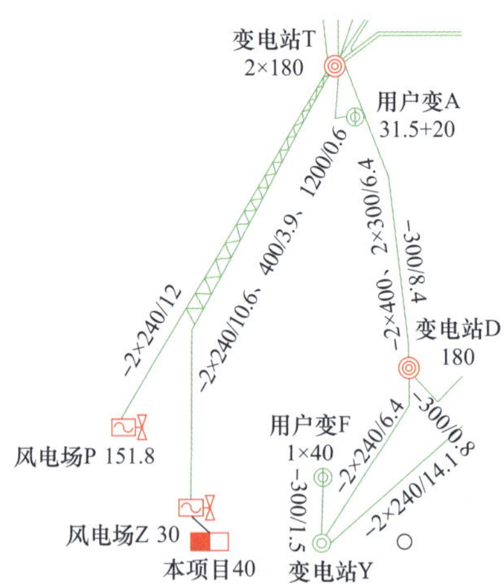

图4–2–1　光伏电站接入系统方案一示意图

2）方案二：该项目设一座 110kV 升压站，以 110kV 电压等级接入系统，主接线形式可采用线变组接线，以 110kV 电压等级出线 1 回接入 110kV 变电站 Y，新建并网线路型号 LGJ–300，路径长度约 9km。风电场接入系统方案二示意图见图 4–2–2。

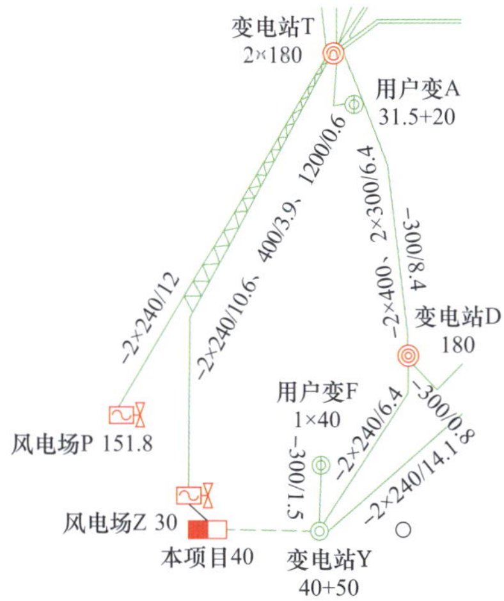

图 4–2–2　风电场接入系统方案二示意图

3）方案三：该项目设一座 110kV 升压站，以 110kV 电压等级接入系统，主接线形式可采用线变组接线，以 110kV 电压等级出线 1 回接入 220kV 变电站 D，新建并网线路型号 LGJ–300，路径长度约 10km。风电场接入系统方案三示意图见图 4–2–3。

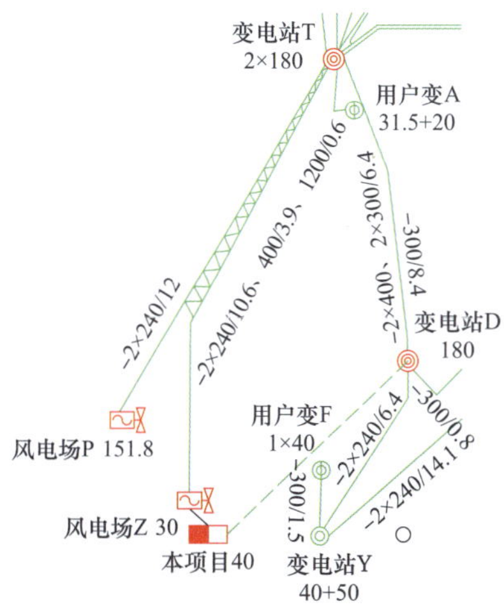

图 4–2–3　风电场接入系统方案三示意图

5. 方案经济技术比较

（1）潮流计算。

1）方案一：光伏电站接入风电场 Z 升压站，风电场和光伏电站所发电力在变电站 T 消纳部分电力后送往电网，相关主变压器及线路均满足 N–1 校核要求。

2）方案二：光伏电站接入 110kV 变电站 Y 的 110kV 侧，正常方式下变电站 Y 由 220kV 变电站 D 供电，光伏电站所发电力在变电站 Y 消纳部分后送往变电站 D，并在变电站 D 消纳部分电力后送往电网，相关主变压器及线路均满足 N–1 校核要求。

3）方案三：光伏电站接入 220kV 变电站 D 的 110kV 侧，光伏电站所发电力在变电站 D 消纳部分电力后送往电网，相关主变压器及线路均满足 N–1 校核要求。

（2）短路电流计算。

通过分析上述相关站点短路电流和短路容量的计算，相关站点短路容量比均低于 10%，满足对光伏电站并网点短路容量比要求。

（3）经济比较分析及推荐方案。

1）投资费用分析。对拟定各方案不同部分进行投资规模比较，110kV 间隔按照 100 万元 / 个计算，110kV LGJ–300 单回线路按照 70 万元 /km 计算；电缆线路按照 400 万 /km 计算，110kV40MVA 变压器按照 300 万元 / 台计算，光伏电站工程接入系统方案投资估算见表 4–2–9。

表 4–2–9　　光伏电站工程接入系统方案投资估算表

项目		方案一	方案二	方案三
电网侧投资	架空线路型号长度（km）	0	LGJ–300/9	LGJ–300/10
	架空线路投资（万元）	0	630	700
	电缆长度（万元）	0	0.7	0.9
	电缆投资（万元）	0	280	360
	主变压器投资（万元）	0	300	300
	间隔投资（万元）	0	100	100
	跨渠、跨铁路投资（万元）	0	300	300
总投资合计（万元）		0	1610	1760
投资差额（万元）		0	1610	1760

从本期投资对比来看，方案一利用了风电场 Z 中已经建成的主变压器和并网线路，投资明显最省，另外，方案三略高于方案二。

2）接入方案分析及推荐方案。该项目就近接入 T 县电网，三个方案均可满足光伏电站接入需求。

方案一接入 220kV 变电站 T 的 110kV 侧，方案二接入 110kV 变电站 Y 的 110kV 侧，正常运行方式下，光伏电站接至变电站 T 系统，方案三接入 220kV 变电站 D 的 110kV 系统。

从各方案电力消纳情况来看，方案一、二考虑变电站 T 已接入光伏、风电，变电站 T 主变压器上翻不越限。

变电站 D 系统新能源装机接入较少，方案三该项目接入变电站 D 系统不存在主变压器上翻越限风险，可满足所发电力就近消纳。

从投资比较来看，方案一利用风电场 Z 升压站和并网线路接入电网，不需要新建线路，且不需要跨越铁路及南水北调渠，投资最低；方案二、三新建线路较长，且需跨越铁路及河流，投资明显较高。

从实施难度看，方案一不需要新建线路，不需要跨越河流及铁路，实施难度较低，可满足项目工期要求，方案二、三均需要跨越河流及铁路，实施难度大，预计将迫使工程延期投运。

从运行损耗比较来看，各方案差别不大，并网线路年损耗费用差异约为 0.6 万元 / 年。其中，方案一并网线路最长，全网及并网线路损耗最高，方案三全网损耗最低、方案二并网线路损耗最低。

方案一可以满足该项目电力送出的需要，且不需要新建并网线路，经济性较高，实施难度最低，可以满足项目的工期要求。

综合以上分析，推荐方案一作为该光伏电站项目接入系统方案。即多种能源互补型智能电站 X 二期 40MWp 光伏电站项目位于 T 县西南部，通过 35kV 电压等级接入风电场 Z 升压站 35kV 侧，利用风电场 Z 升压变压器（主变压器容量 74MVA）以及 110kV 并网线路接入 220kV 变电站 T 的 110kV 侧。

6. 稳定性计算

（1）故障方式。

1）线路三相永久接地故障：相关 220kV 线路三相永久接地故障，0.0s 故障，线路两端断路器 0.12s 三相跳开不重合。电站并网 110kV 线路故障，0.0s 故障，0.15s 两端三相跳开。单侧电源 110kV 线路 0.0s 故障，0.15s 电源端三相跳开，1.15s 重合一次，1.30s 电源端三相跳开，不重合。

2）线路单相永久接地故障：220kV 线路一侧 0.0s 发生单相短路接地永久故障，线路两侧 0.12s 单相跳开，1.12 s 单相重合，1.24s 三相跳开。

（2）相关线路故障时稳定计算结果。

光伏电站相关线路故障稳定计算结果见表 4-2-10。

表 4-2-10　　光伏电站相关线路故障稳定计算结果

故障点	计算结果	对风电机组要求
项目 X—变电站 T 110kV 并网线路电站侧三永故障	电网保持稳定	允许 X 光伏全部切出
项目 X—变电站 T 110kV 并网线路变电站 T 侧三永故障	电网保持稳定	允许 X 光伏全部切出
变电站 T—110kV 变电站 A110kV 线路变电站 T 侧三永故障	电网保持稳定	允许 X 光伏全部切出
变电站 T—110kV 变电站 A110kV 线路变电站 A 侧三永故障	电网保持稳定	应具备相应的低电压穿越能力
变电站 T—变电站 Y 220kV 线路变电站 T 侧三永故障	电网保持稳定	允许 X 光伏全部切出
变电站 T—变电站 Y 220kV 线路变电站 Y 侧三永故障	电网保持稳定	应具备相应的低电压穿越能力
变电站 T—变电站 Y 220kV 线路变电站 T 侧单永故障	电网保持稳定	应具备相应的低电压穿越能力
变电站 T—变电站 Y 220kV 线路变电站 Y 侧单永故障	电网保持稳定	应具备相应的低电压穿越能力

由计算结果可知，相关线路故障时，接入系统方案在继电保护装置及断路器正确动作故障线路正常跳开的情况下，系统侧均无电压稳定问题。

7. 推荐方案调压计算

该工程以推荐方案接入电网后，在光伏、风电最大出力时，光伏电站、风电场内汇集线路、各箱式变压器、升压变压器的无功损耗之和为 14.34Mvar，变电站 X 送出线路的一半感性无功损耗为 0.97Mvar，以上各项之和共计 15.31Mvar。变电站 X 配置 17Mvar 容性无功补偿容量时，提供的无功补偿可满足以上损耗。

变电站 X 自身容性充电无功功率及电站送出线路的一半充电无功功率之和为 1.93Mvar，故该电站应配置的感性无功补偿容量应不小于 2Mvar。

考虑到变电站 X 出力可能突然增加或减小，为满足电站接入电网后各种运行工况要求，该电站配置动态无功补偿装置，根据上述计算分析结果，动态无功补偿容量可选 ±17Mvar，动态无功响应时间应不大于 30ms。

其中，在变电站 X 一期工程，即风电场 Z 工程中，已配置动态无功补偿装置容量为 ±8Mvar，在本期工程中，需要新增配置动态无功补偿装置容量为 ±9Mvar。

8. 结论及建议

光伏电站接入系统推荐方案：通过 35kV 电压等级接入风电场 Z 升压站 35kV 侧，利用风电场 Z 升压变压器（主变压器容量 74MVA）以及 110kV 并网线路接入 220kV 变电站 T110kV 侧。

光伏电站并网逆变器应满足额定有功出力下功率因数在超前 0.95至滞后 0.95 的范围内动态可调，当有功出力在 0至额定值之间变化时，逆变器无功出力调节范围应满足《光伏发电站接入电力系统技术规定》（GB/T 19964—2024）要求且动态可调。

光伏电站项目应配置电能质量实时在线监测装置，信息传送至电网电能质量在线监测主站。

并列点及人工解列点：并列点设在并网线路的电站侧，人工解列点设在并网线路的系统侧。

为满足光伏电站自身以及电网运行安全，光伏电站接入系统还应满足功率控制和电压调节要求、电网异常时的响应特性要求、安全与保护要求、通用技术要求、通信与信号要求等。

建议加强对光伏电站的运行管理。由于太阳能光伏发电系统的输出功率不稳定，光伏发电项目实际并网运行后，建议对其谐波电流、电压进行测量，检测其是否满足国家标准的相关规定，如不满足，应采取加装滤波装置等相应措施。

光伏电站应按照国家或有关行业对光伏电站并网运行制定的相关标准或规定进行接入系统测试。测试必须由具备相应资质的单位或部门进行，并在测试前将测试方案报电网公司备案。测试报告应在全部光伏部件并网调试运行后 6 个月内提交电网公司。当更换逆变器等主要设备时，需重新提交测试报告。

5 储能电站接入系统设计（一次部分）典型案例

案例：接入 220kV 变电站 110kV 侧的储能案例分析

项目案例： H 县 100MW/200MWh 独立共享储能项目

方案分类： 周边公共站点具备接入条件且风电场并网线路路径可行，直接接入 220kV 变电站 110kV 侧。

1. 项目概况

储能项目 A 位于 Z 市 H 县西部，总装机容量 100MW/200MWh，使用磷酸铁锂电池，预计 2024 年 12 月建成投运。该项目定位为独立共享储能电站，除在电网中发挥削峰填谷、调峰、调频、旋转备用等作用外，还为新能源电站提供储能配置租赁服务。

2. 周边电力系统概况

（1）Z 供电区电网概况。

2022 年，Z 供电区最大负荷为 4425MW，全社会用电量为 173.48×10^{8}kWh，同比分别增长 15.5%、17.8%。

截至 2022 年底，Z 供电区拥有 500kV 变电站 2 座，总容量 4250MVA；公用 220kV 变电站 21 座，变电总容量为 6210MVA。

截至 2022 年底，Z 供电区统调电源装机总容量 2984MW，其中，统调火电装机总容量为 2214MW，即电厂 A（2×660MW，其中一台为应急调峰储备电源），电厂 B（2×440MW），统调光伏电站 4 座，总装机容量为 170MWp，统调风电场 13 座，总装机容量为 749.7MW。分散式风电场 31 座，总装机容量 649.6MW；地方及企业自备电厂总容量 360.5MW，分布式光伏电站装机容量 698.3MW。

（2）H 县电网概况。

2022 年 H 县最大供电负荷为 390MW，全社会用电量为 13.05×10^{8}kWh，同比分别增长 18.2%、19.4%。

截至 2022 年底，H 县共有 220kV 公用变电站 1 座，即变电站 B（2×180MVA）；共有 110kV 公用变电站 8 座，变电容量 474.5MVA。

截至 2022 年底，H 县有统调电厂 2 座，总装机 100MW，地方及企业自备电厂 2 座，装机总容量 15MW，分散式风电 3 座，总装机 55.3MW，分布式光伏装机容量 78.2MW。

3. 电力平衡分析

（1）负荷特性。

1）Z 市供电区负荷特性分析。

2022 年 Z 市供电区全年最大负荷出现在夏季晚高峰，负荷为 4395MW，出现在晚间 21 时左右，午高峰 4254MW 出现在午间 13 时，为全年最大负荷的 0.97，夜间小负荷为 2541MW 出现在早 6 时，为全年最大负荷的 0.58。

2022 年 Z 市供电区春季小负荷全天最大负荷约为 1362MW，出现在 19 时左右，为全年最大负荷的 0.31；夜间小负荷约为 775MW，出现在 4 时左右，为全年最大负荷的 0.18；日间小负荷约为 947MW，出现在 15 时左右，为全年最大负荷的 0.22。

2022 年 Z 市供电区冬季小负荷全天最大负荷约为 2662MW，出现在 18 时左右，为全年最大负荷的 0.61；夜间小负荷为 1166MW，出现在 3 时左右，为全年最大负荷的 0.27；日间小负荷为 1847MW，出现在 15 时左右，为全年最大负荷的 0.42。

综上所述，Z 市供电区全年大负荷一般出现在夏季晚高峰，春季和秋季负荷相对较小，春季小负荷典型日晚高峰约为全年最大负荷的 0.31，夜间小负荷约为全年最大负荷的 0.18；冬季小负荷典型日晚高峰约为全年最大负荷的 0.61，夜间小负荷约为全年最大负荷的 0.27。Z 市供电区负荷特性见表 5-1-1。

表 5-1-1　　Z 市供电区负荷特性

供电区	夏季大负荷		春季小负荷		冬季小负荷	
	晚高峰	晚低谷	晚高峰	晚低谷	晚高峰	晚低谷
Z	1	0.58	0.31	0.18	0.61	0.27

2）H 县负荷特性分析。

2022 年 H 县全年最大负荷出现在夏季晚高峰，晚高峰 330MW 出现在 21 时左右，午高峰 285MW 出现在 13 时左右，为全年最大负荷的 0.86，夜间小负荷为 178MW 出现在凌晨 6 时，为全年最大负荷的 0.54。

2022 年 H 县春季晚高峰负荷约 134MW，出现在 18 时左右，是全年最高负荷的 0.41。春季早高峰负荷约 126MW，出现在 7 时左右，是全年最高负荷的 0.38。夜间小负荷出现在夜间 4 时左右，为 68MW，是全年最高负荷的 0.2。日间小负荷出现在日间 13 时左右，为 84MW，是全年最高负荷的 0.25。

2022 年 H 县冬季晚高峰负荷约 187MW，出现在 20 时左右，是全年最高负荷的 0.56。夜间小负荷出现在夜间 4 时左右，为 92MW，是全年最高负荷的 0.28。日间小负荷出现在日间 14 时左右，为 146MW，是全年最高负荷的 0.44。

综上所述，H 县全年最大负荷出现在夏季晚高峰，春季晚间大负荷约为全年最大负荷的 0.41，春季夜间小负荷约为全年最大负荷的 0.2，春季日间小负荷约为全年最大负荷的 0.25；冬季晚间大负荷约为全年最大负荷的 0.56，冬季夜间小负荷约为全年最大负荷的 0.28，

冬季日间小负荷约为全年最大负荷的 0.44。H 县典型季节负荷特性见表 5–1–2。

表 5–1–2　　H 县典型季节负荷特性

供电区	夏季大负荷		春季小负荷		冬季小负荷	
	午高峰	晚低谷	晚高峰	晚低谷	晚高峰	晚低谷
H 县	0.86	0.54	0.41	0.2	0.56	0.28

3）变电站 B 负荷特性分析。

2022 年变电站 B 全年负荷曲线：变电站 B 夏季和冬季负荷较大，最大值出现在夏季，春季和秋季负荷相对较小。

2022 年变电站 B 全年最大负荷出现在夏季晚高峰，晚高峰 310MW 出现在 21 时左右，午高峰 286MW 出现在 14 时左右，为全年最大负荷的 0.92，夜间小负荷为 156MW，出现在凌晨 5 时，为全年最大负荷的 0.5。

2022 年变电站 B 春季晚高峰负荷约 103MW，出现在 19 时左右，是全年最高负荷的 0.3。春季早高峰负荷约 85MW，出现在 7 时左右，是全年最高负荷的 0.27。夜间小负荷出现在夜间 4 时左右，为 47MW，是全年最高负荷的 0.15。日间小负荷出现在日间 13 时左右，为 40MW，是全年最高负荷的 0.13。

2022 年变电站 B 冬季晚高峰负荷约 172MW，出现在 20 时左右，是全年最高负荷的 0.6。夜间小负荷出现在夜间 4 时左右为 56MW，是全年最高负荷的 0.18。日间小负荷出现在日间 14 时左右为 115MW，是全年最高负荷的 0.37。

综上所述，变电站 B 全年最大负荷出现在夏季晚高峰，春季晚间大负荷约为全年最大负荷的 0.3，春季夜间小负荷约为全年最大负荷的 0.15，春季日间小负荷约为全年最大负荷的 0.13；冬季晚间大负荷约为全年最大负荷的 0.6，冬季夜间小负荷约为全

年最大负荷的 0.18，冬季日间小负荷约为全年最大负荷的 0.37。变电站 B 负荷特性见表 5–1–3。

表 5–1–3　　变电站 B 负荷特性

供电区	夏季大负荷		春季小负荷		冬季小负荷	
	晚高峰	晚低谷	晚高峰	晚低谷	晚高峰	晚低谷
变电站 B 变	1	0.5	0.3	0.15	0.6	0.18

（2）新能源出力特性分析。

1）风电出力特性分析。

Z 供电区：夏季日间按 0.5，夏季夜间按 0.75；春季日间按 0.8，春季夜间按 0.9；冬季日间按 0.65，冬季夜间按 0.8。

H 县：夏季日间按 0.58，夏季夜间按 0.83；春季日间按 0.85，春季夜间按 0.95；冬季日间按 0.69，冬季夜间按 0.85。

2）光伏出力特性分析。

截至 2022 年底，Z 地区已并网集中式光伏电站共 4 座，装机容量共 170MW。从光伏电站的出力特性来看，光伏出力波动大，2022 年春季和夏季光伏出力较高，最大光伏出力 114MW 左右，占光伏总装机的 76%，秋季和冬季出力略低，夏季光伏最大出力约为 100MW，占光伏总装机的 0.67%。综合考虑，光伏日间出力特性统一按照 76% 考虑。

3）常规电源出力特性分析。

a. 电厂 A。电厂 A 共 2 台 220kV 机组，其中 1、2 号机组容量均为 660MW。电厂 A1 号机组春季的 3、4、5 月均停机，停机时间较长，12 月有短时间的停机，其他季节均保证开机。电厂 A2 号机组，秋季的 10 月和 11 月停机，其他季节均保证开机。不考虑机组的启停调峰，电厂 A 单台机组最小出力可调至 260MW，深调至 40%。

综合以上分析，在电力平衡分析时，夏季和冬季电厂 A 按开 2 台机组考虑，其他季节开一台机组。日间大负荷电厂 A 出力按满出力考虑，日间小负荷出力按 40% 考虑。

b. 电厂 B。Z 地区共 1 座燃气电厂，即电厂 B，装机容量为 2×447MW。

根据 2022 年电厂 B 全年出力数据，电厂 B 一般春季和秋季不开机，夏季开两台，最大出力可达到 687MW，出力率约 80%，冬季一般开 1 台，最大出力可达 350MW，出力率 80%，春季和秋季按不开机考虑。电厂 B 每日的最小出力均可降至 0MW。

综合以上分析，电力平衡分析时，电厂 B 出力如下：夏季大负荷电厂 B 按开两台机考虑，出力为 80%，冬季按开 1 台机组考虑，最大出力率 80%，其他季节按不开机考虑。小负荷时刻，电厂 B 均按调峰不出力考虑。

（3）电力平衡原则。

1）平衡年份选择 2022～2030 年。

2）该项目并网时间为 2024 年底，平衡中该项目按照 2025 年投运进行考虑。

3）分别对 Z 市夏季夜间大负荷、春季夜间小负荷进行平衡。

4）Z 市春季夜间小负荷按照年最大负荷的 0.18 考虑。

5）统调电厂的厂用电取 8％，夏季大负荷，火电机组满出力，自备电厂的出力考虑 50％；生物质及垃圾电厂按照 50% 出力考虑。春季夜间低谷负荷，火电机组参与调峰，按最小出力考虑。

6）新能源出力方面，光伏日间 0.8，夜间 0，风电出力系数表见表 5-1-4。

表 5-1-4　　风电出力系数表

时段	出力系数
夏季日间	0.5
夏季晚间	0.75
春季日间	0.8
春季晚间	0.9
冬季日间	0.65
冬季晚间	0.8

（4）电力平衡结果。

1）Z 市供电区电力平衡结果。

Z 市供电区夏季晚间大负荷方式下，考虑已投和规划风电、光伏出力的情况下，2025 年 Z 市供电区电网电力缺额 2365MW。考虑已投和规划风电、光伏及储能的情况下，夏季大负荷储能 100% 放电时，2025 年 Z 市供电区电网电力缺额 2065MW。Z 市供电区电网夏季夜间大负荷电力平衡表见表 5-1-5。

表 5-1-5　　Z 市供电区夏季夜间大负荷电力平衡表　　MW

项目	2022 年	2023 年	2024 年	2025 年	2030 年
1. 夏季夜间高峰负荷	4425	4831	5266	5570	6700
2. 地方电厂装机	361	361	361	361	361
3. 需网供负荷	4245	4650	5085	5390	6520
4. 火电装机	2200	2200	2200	2200	2200
电厂 A	1320	1320	1320	1320	1320
电厂 B	880	880	880	880	880
5. 风电装机	1399	1475	1475	1475	1475
已投运风电	1399	1399	1399	1399	1399
6. 光伏装机	868	1327	1417	1537	1727
已投运光伏	868	868	868	868	868
7. 统调火电出力	1918	1918	1918	1918	1918
电厂 A	1214	1214	1214	1214	1214
电厂 B	704	704	704	704	704
8. 风电出力	1049	1106	1106	1106	1106
已投运风电	1049	1049	1049	1049	1049
9. 光伏出力	0	0	0	0	0
已投运光伏	0	0	0	0	0
10. 储能装机	0	0	300	300	300
11. 电力盈余（火电满出力）					
已投风电 + 已投光伏	–1277	–1682	–2117	–2422	–3552
规划风电 + 规划光伏	–1277	–1626	–2061	–2365	–3495
规划风电 + 规划光伏 + 储能 50% 放电	–1277	–1626	–1911	–2215	–3345
规划风电 + 规划光伏 + 储能 100% 放电	–1277	–1626	–1761	–2065	–3195

Z 市供电区夏季夜间小负荷方式、风电大发下，考虑已投和规划风电、光伏出力的情况下，2025 年 Z 市供电区电网电力缺额 26MW。考虑已投和规划风电、光伏及储能的情况下，夏季小负荷储能 100% 充电时，2025 年 Z 市供电区电网电力缺额 326W。Z 市供电区夏季夜间小负荷电力平衡表（风电大发）见表 5-1-6。

表 5-1-6　　Z 市供电区夏季夜间小负荷电力平衡表（风电大发）　　MW

项目	2022 年	2023 年	2024 年	2025 年	2030 年
1. 夏季夜间小负荷	2567	2802	3054	3231	3886
2. 地方电厂装机	361	361	361	361	361
3. 需网供负荷	2386	2621	2874	3050	3706
4. 火电装机	2200	2200	2200	2200	2200
电厂 A	1320	1320	1320	1320	1320
电厂 B	880	880	880	880	880
5. 风电装机	1399	1475	1475	1475	1475
已投运风电	1399	1399	1399	1399	1399
6. 光伏装机	868	868	868	868	868
已投运光伏	868	868	868	868	868
7. 统调火电出力	1918	1918	1918	1918	1918
电厂 A	1214	1214	1214	1214	1214
电厂 B	704	704	704	704	704
8. 风电出力	1049	1106	1106	1106	1106
已投运风电	1049	1049	1049	1049	1049
9. 光伏出力	0	0	0	0	0
已投运光伏	0	0	0	0	0
10. 储能装机	0	0	300	300	300
11. 电力盈余（火电最小出力）					
已投风电 + 已投光伏	582	346	94	-82	-738
规划风电 + 规划光伏	582	403	151	-26	-681
规划风电 + 规划光伏 + 储能 50% 充电	582	403	1	-176	-831
规划风电 + 规划光伏 + 储能 100% 充电	582	403	-149	-326	-981

Z 市供电区夏季夜间小负荷、风电小发方式下，考虑已投和规划风电、光伏出力的情况下，2025 年 Z 市供电区电网电力缺额 984MW。考虑已投和规划风电、光伏及储能的情况下，夏季小负荷储能 100% 充电时，2025 年 Z 市供电区电网电力缺额 1284MW。Z 市供电区夏季夜间小负荷电力平衡表（风电小发）见表 5-1-7。

表 5-1-7　　Z 市供电区夏季夜间小负荷电力平衡表（风电小发）　　MW

项目	2022 年	2023 年	2024 年	2025 年	2030 年
1. 夏季夜间小负荷	2567	2802	3054	3231	3886
2. 地方电厂装机	361	361	361	361	361
3. 需网供负荷	2386	2621	2874	3050	3706
4. 火电装机	2200	2200	2200	2200	2200
电厂 A	1320	1320	1320	1320	1320
电厂 B	880	880	880	880	880
5. 风电装机	1399	1475	1475	1475	1475
已投运风电	1399	1399	1399	1399	1399
6. 光伏装机	868	868	868	868	868
已投运光伏	868	868	868	868	868
7. 统调火电出力	1918	1918	1918	1918	1918
电厂 A	1214	1214	1214	1214	1214
电厂 B	704	704	704	704	704
8. 风电出力	140	147	147	147	147
已投运风电	140	140	140	140	140
9. 光伏出力	0	0	0	0	0
已投运光伏	0	0	0	0	0
10. 储能装机	0	0	300	300	300
11. 电力盈余（火电最小出力）					
已投风电 + 已投光伏	-328	-563	-815	-992	-1647
规划风电 + 规划光伏	-328	-556	-808	-984	-1640
规划风电 + 规划光伏 + 储能 50% 充电	-328	-556	-958	-1134	-1790
规划风电 + 规划光伏 + 储能 100% 充电	-328	-556	-1108	-1284	-1940

Z 市供电区春季晚间大负荷方式下，考虑已投和规划风电、光伏出力的情况下，2025 年 Z 市供电区电网电力盈余 45MW。考虑已投和规划风电、光伏及储能的情况下，春季大负荷储能 100% 放电时，2025 年 Z 市供电区电网电力盈余 345MW。Z 市供电区春季夜间大负荷电力平衡见表 5-1-8。

表 5-1-8　　Z 市供电区春季夜间大负荷电力平衡表　　MW

项目	2022 年	2023 年	2024 年	2025 年	2030 年
1. 春季夜间高峰负荷	1372	1497	1632	1727	2077
2. 地方电厂装机	361	361	361	361	361
3. 需网供负荷	1192	1317	1452	1546	1897
4. 火电装机	2200	2200	2200	2200	2200
电厂 A	1320	1320	1320	1320	1320
电厂 B	880	880	880	880	880
5. 风电装机	1399	1475	1475	1475	1475
已投运风电	1399	1399	1399	1399	1399
6. 光伏装机	868	1327	1417	1537	1727
已投运光伏	868	868	868	868	868
7. 统调火电出力	264	264	264	264	264
电厂 A	264	264	264	264	264
电厂 B	0	0	0	0	0
8. 风电出力	1259	1327	1327	1327	1327
已投运风电	1259	1259	1259	1259	1259
9. 光伏出力	0	0	0	0	0
已投运光伏	0	0	0	0	0
10. 储能装机	0	0	300	300	300
11. 电力盈余（火电满出力）					
已投风电 + 已投光伏	332	206	71	–23	–373
规划风电 + 规划光伏	332	274	139	45	–306
规划风电 + 规划光伏 + 储能 50% 放电	332	274	289	195	–156
规划风电 + 规划光伏 + 储能 100% 放电	332	274	439	345	–6

Z 市供电区春季夜间小负荷方式下，考虑已投和规划风电、光伏出力的情况下，2025 年 Z 市供电区电网电力盈余 769MW。考虑已投和规划风电、光伏及储能的情况下，春季小负荷储能 100% 充电时，2025 年 Z 市供电区电网电力盈余 469MW。Z 市供电区春季夜间小负荷电力平衡表见表 5-1-9。

表 5-1-9　　Z 市供电区春季夜间小负荷电力平衡表　　MW

项目	2022 年	2023 年	2024 年	2025 年	2030 年
1. 春季夜间小负荷	797	869	948	1003	1206
2. 地方电厂装机	361	361	361	361	361
3. 需网供负荷	616	689	768	822	1026
4. 火电装机	2200	2200	2200	2200	2200
电厂 A	1320	1320	1320	1320	1320
电厂 B	880	880	880	880	880
5. 风电装机	1399	1475	1475	1475	1475
已投运风电	1399	1399	1399	1399	1399
6. 光伏装机	868	868	868	868	868
已投运光伏	868	868	868	868	868
7. 统调火电出力	264	264	264	264	264
电厂 A	264	264	264	264	264
电厂 B	0	0	0	0	0
8. 风电出力	1259	1327	1327	1327	1327
已投运风电	1259	1259	1259	1259	1259
9. 光伏出力	0	0	0	0	0
已投运光伏	0	0	0	0	0
10. 储能装机	0	0	300	300	300
11. 电力盈余（火电最小出力）					
已投风电 + 已投光伏	907	834	756	701	498
规划风电 + 规划光伏	907	902	824	769	565
规划风电 + 规划光伏 + 储能 50% 充电	907	902	674	619	415
规划风电 + 规划光伏 + 储能 100% 充电	907	902	524	469	265

Z 市供电区冬季夜间大负荷方式下，考虑已投和规划风电、光伏出力的情况下，2025 年 Z 市供电区电力缺额 1510MW。考虑已投和规划风电、光伏及储能的情况下，冬季大负荷储能 100% 放电时，2025 年 Z 市供电区电力缺额 1210MW。Z 市供电区冬季夜间大负荷电力平衡表见表 5-1-10。

表 5-1-10　　Z 市供电区冬季夜间大负荷电力平衡表　　MW

项目	2022 年	2023 年	2024 年	2025 年	2030 年
1. 冬季夜间大负荷	2699	2947	3212	3398	4087
2. 地方电厂装机	361	361	361	361	361
3. 需网供负荷	2519	2766	3032	3217	3907
4. 火电装机	2200	2200	2200	2200	2200
电厂 A	1320	1320	1320	1320	1320
电厂 B	880	880	880	880	880
5. 风电装机	1399	1475	1475	1475	1475
已投运风电	1399	1399	1399	1399	1399
6. 光伏装机	868	1327	1417	1537	1727
已投运光伏	868	868	868	868	868
7. 统调火电出力	528	528	528	528	528
电厂 A	528	528	528	528	528
电厂 B	0	0	0	0	0
8. 风电出力	1119	1180	1180	1180	1180
已投运风电	1119	1119	1119	1119	1119
9. 光伏出力	0	0	0	0	0
已投运光伏	0	0	0	0	0
10. 储能装机	0	0	300	300	300
11. 电力盈余（火电满出力）					
已投风电 + 已投光伏	-872	-1119	-1384	-1570	-2259
规划风电 + 规划光伏	-872	-1059	-1324	-1510	-2199
规划风电 + 规划光伏 + 储能 50% 放电	-872	-1059	-1174	-1360	-2049
规划风电 + 规划光伏 + 储能 100% 放电	-872	-1059	-1024	-1210	-1899

Z 市供电区冬季夜间小负荷方式下，考虑已投和规划风电、光伏出力的情况下，2025 年 Z 市供电区电力盈余 384MW。考虑已投和规划风电、光伏及储能的情况下，冬季小负荷储能 100% 充电时，2025 年 Z 市供电区电力盈余 84MW。Z 市供电区冬季夜间小负荷电力平衡表见表 5-1-11。

表 5-1-11　　Z 市供电区冬季夜间小负荷电力平衡表　　MW

项目	2022 年	2023 年	2024 年	2025 年	2030 年
1. 冬季夜间小负荷	1195	1304	1422	1504	1809
2. 地方电厂装机	361	361	361	361	361
3. 需网供负荷	1015	1124	1241	1324	1629
4. 火电装机	2200	2200	2200	2200	2200
电厂 A	1320	1320	1320	1320	1320
电厂 B	880	880	880	880	880
5. 风电装机	1399	1475	1475	1475	1475
已投运风电	1399	1399	1399	1399	1399
6. 光伏装机	868	868	868	868	868
已投运光伏	868	868	868	868	868
7. 统调火电出力	528	528	528	528	528
电厂 A	528	528	528	528	528
电厂 B	0	0	0	0	0
8. 风电出力	1119	1180	1180	1180	1180
已投运风电	1119	1119	1119	1119	1119
9. 光伏出力	0	0	0	0	0
已投运光伏	0	0	0	0	0
10. 储能装机	0	0	300	300	300
11. 电力盈余（火电最小出力）					
已投风电 + 已投光伏	633	523	406	324	19
规划风电 + 规划光伏	633	584	466	384	79
规划风电 + 规划光伏 + 储能 50% 充电	633	584	316	234	–71
规划风电 + 规划光伏 + 储能 100% 充电	633	584	166	84	–221

2）H 县电力平衡结果。

H 县电网夏季夜间大负荷方式下，考虑已投和规划风电、光伏出力的情况下，2025 年 H 县电网电力缺额 296MW。考虑已投和规划风电、光伏及储能的情况下，夏季大负荷储能 100% 放电时，2025 年 H 县电网电力缺额 196MW。H 县电网夏季夜间大负荷电力平衡表见表 5-1-12。

表 5-1-12　　H 县电网夏季夜间大负荷电力平衡表　　MW

项目	2022 年	2023 年	2024 年	2025 年	2030 年
1. 夏季夜间大负荷	391	398	407	432	547
2. 地方电厂装机	15	15	15	15	15
3. 需网供负荷	384	391	400	425	540
4. 风电装机	155	155	155	155	155
已投运风电	155	155	155	155	155
5. 光伏装机	78	145	154	166	185
已投运光伏	78	78	78	78	78
6. 风电出力	129	129	129	129	129
已投运风电	129	129	129	129	129
7. 光伏出力	0	0	0	0	0
已投运光伏	0	0	0	0	0
8. 储能装机	0	0	100	100	100
9. 电力盈余（火电满出力）					
已投风电 + 已投光伏	–255	–262	–271	–296	–411
规划风电 + 规划光伏	–255	–262	–271	–296	–411
规划风电 + 规划光伏 + 储能 50% 放电	–255	–262	–221	–246	–361
规划风电 + 规划光伏 + 储能 100% 放电	–255	–262	–171	–196	–311

H 县电网夏季夜间小负荷、风电大发方式下。考虑已投和规划风电、光伏出力的情况下，2025 年 H 县电网电力缺额 80MW。考虑已投和规划风电、光伏及储能的情况下，夏季小负荷储能 100% 充电时，2025 年 H 县电网电力缺额 180MW。H 县电网夏季夜间小负荷（风电大发）电力平衡表见表 5-1-13。

表 5-1-13　　H 县电网夏季夜间小负荷（风电大发）电力平衡表　　MW

项目	2022 年	2023 年	2024 年	2025 年	2030 年
1. 夏季夜间小负荷	196	199	204	216	274
2. 地方电厂装机	15	15	15	15	15
3. 需网供负荷	188	192	196	209	266

续表

项目	2022 年	2023 年	2024 年	2025 年	2030 年
4. 风电装机	155	155	155	155	155
已投运风电	155	155	155	155	155
5. 光伏装机	78	145	154	166	185
已投运光伏	78	78	78	78	78
6. 风电出力	129	129	129	129	129
已投运风电	129	129	129	129	129
7. 光伏出力	0	0	0	0	0
已投运光伏	0	0	0	0	0
8. 储能装机	0	0	100	100	100
9. 电力盈余（火电最小出力）					
已投风电 + 已投光伏	–59	–63	–67	–80	–137
规划风电 + 规划光伏	–59	–63	–67	–80	–137
规划风电 + 规划光伏 + 储能 50% 充电	–59	–63	–117	–130	–187
规划风电 + 规划光伏 + 储能 100% 充电	–59	–63	–167	–180	–237

H 县电网夏季夜间小负荷、风电小发方式下，考虑已投和规划风电、光伏出力的情况下，2025 年 H 县电网电力缺额 193MW。考虑已投和规划风电、光伏及储能的情况下，夏季小负荷储能 100% 充电时，2025 年 H 县电网电力缺额 293MW。H 县电网夏季夜间小负荷（风电小发）电力平衡表见表 5–1–14。

表 5–1–14　　H 县电网夏季夜间小负荷（风电小发）电力平衡表　　MW

项目	2022 年	2023 年	2024 年	2025 年	2030 年
1. 夏季夜间小负荷	196	199	204	216	274
2. 地方电厂装机	15	15	15	15	15
3. 需网供负荷	188	192	196	209	266
4. 风电装机	155	155	155	155	155
已投运风电	155	155	155	155	155
5. 光伏装机	78	145	154	166	185

续表

项目	2022 年	2023 年	2024 年	2025 年	2030 年
已投运光伏	78	78	78	78	78
6. 风电出力	16	16	16	16	16
已投运风电	16	16	16	16	16
7. 光伏出力	0	0	0	0	0
已投运光伏	0	0	0	0	0
8. 储能装机	0	0	100	100	100
9. 电力盈余（火电最小出力）					
已投风电 + 已投光伏	–172	–176	–180	–193	–250
规划风电 + 规划光伏	–172	–176	–180	–193	–250
规划风电 + 规划光伏 + 储能 50% 充电	–172	–176	–230	–243	–300
规划风电 + 规划光伏 + 储能 100% 充电	–172	–176	–280	–293	–350

H 县电网春季夜间大负荷方式下，考虑已投和规划风电、光伏出力的情况下，2025 年 H 县电网电力盈余 25MW。考虑已投和规划风电、光伏及储能的情况下，春季大负荷储能 100% 放电时，2025 年 H 县电网电力盈余 125MW。H 县电网春季夜间大负荷电力平衡表见表 5–1–15。

表 5–1–15　H 县电网春季夜间大负荷电力平衡表　MW

项目	2022 年	2023 年	2024 年	2025 年	2030 年
1. 春季夜间大负荷	117	119	122	130	164
2. 地方电厂装机	15	15	15	15	15
3. 需网供负荷	110	112	115	122	157
4. 风电装机	155	155	155	155	155
已投运风电	155	155	155	155	155
5. 光伏装机	78	145	154	166	185
已投运光伏	78	78	78	78	78
6. 风电出力	148	148	148	148	148
已投运风电	148	148	148	148	148

续表

项目	2022年	2023年	2024年	2025年	2030年
7. 光伏出力	0	0	0	0	0
已投运光伏	0	0	0	0	0
8. 储能装机	0	0	100	100	100
9. 电力盈余（火电满出力）					
已投风电 + 已投光伏	38	36	33	25	–9
规划风电 + 规划光伏	38	36	33	25	–9
规划风电 + 规划光伏 + 储能 50% 放电	38	36	83	75	41
规划风电 + 规划光伏 + 储能 100% 放电	38	36	133	125	91

H县电网春季夜间小负荷方式下，考虑已投和规划风电、光伏出力的情况下，2025年H县电网电力盈余90MW。考虑已投和规划风电、光伏及储能的情况下，春季小负荷储能100%充电时，2025年H县电网电力缺额10MW。H县电网春季夜间小负荷电力平衡表见表5–1–16。

表5–1–16　　H县电网春季夜间小负荷电力平衡表　　MW

项目	2022年	2023年	2024年	2025年	2030年
1. 春季夜间小负荷	59	60	61	65	82
2. 地方电厂装机	15	15	15	15	15
3. 需网供负荷	51	52	54	57	75
4. 风电装机	155	155	155	155	155
已投运风电	155	155	155	155	155
5. 光伏装机	78	145	154	166	185
已投运光伏	78	78	78	78	78
6. 风电出力	148	148	148	148	148
已投运风电	148	148	148	148	148
7. 光伏出力	0	0	0	0	0
已投运光伏	0	0	0	0	0
8. 储能装机	0	0	100	100	100

续表

项目	2022 年	2023 年	2024 年	2025 年	2030 年
9. 电力盈余（火电最小出力）					
已投风电 + 已投光伏	96	95	94	90	73
规划风电 + 规划光伏	96	95	94	90	73
规划风电 + 规划光伏 + 储能 50% 充电	96	95	44	40	23
规划风电 + 规划光伏 + 储能 100% 充电	96	95	-6	-10	-27

H 县电网冬季夜间大负荷方式下，考虑已投和规划风电、光伏出力的情况下，2025 年 H 县电网电力缺额 120MW。考虑已投和规划风电、光伏及储能的情况下，冬季大负荷储能 100% 放电时，2025 年 H 县电网电力缺额 20MW。H 县电网冬季夜间大负荷电力平衡表见表 5-1-17。

表 5-1-17　　H 县电网冬季夜间大负荷电力平衡表　　MW

项目	2022 年	2023 年	2024 年	2025 年	2030 年
1. 冬季夜间大负荷	235	239	244	259	328
2. 地方电厂装机	15	15	15	15	15
3. 需网供负荷	227	231	237	252	321
4. 风电装机	155	155	155	155	155
已投运风电	155	155	155	155	155
5. 光伏装机	78	145	154	166	185
已投运光伏	78	78	78	78	78
6. 风电出力	132	132	132	132	132
已投运风电	132	132	132	132	132
7. 光伏出力	0	0	0	0	0
已投运光伏	0	0	0	0	0
8. 储能装机	0	0	100	100	100
9. 电力盈余（火电满出力）					
已投风电 + 已投光伏	-95	-99	-105	-120	-189
规划风电 + 规划光伏	-95	-99	-105	-120	-189
规划风电 + 规划光伏 + 储能 50% 放电	-95	-99	-55	-70	-139
规划风电 + 规划光伏 + 储能 100% 放电	-95	-99	-5	-20	-89

H 县电网冬季夜间小负荷方式下，考虑已投和规划风电、光伏出力的情况下，2025 年 H 县电网电力盈余 62MW。考虑已投和规划风电、光伏及储能的情况下，冬季小负荷储能 100% 充电时，2025 年 H 县电网电力缺额 38MW。H 县电网冬季夜间小负荷电力平衡表见表 5–1–18。

表 5–1–18　H 县电网冬季夜间小负荷电力平衡表　MW

项目	2022 年	2023 年	2024 年	2025 年	2030 年
1. 冬季夜间小负荷	70	72	73	78	98
2. 地方电厂装机	15	15	15	15	15
3. 需网供负荷	63	64	66	70	91
4. 风电装机	155	155	155	155	155
已投运风电	155	155	155	155	155
5. 光伏装机	78	145	154	166	185
已投运光伏	78	78	78	78	78
6. 风电出力	132	132	132	132	132
已投运风电	132	132	132	132	132
7. 光伏出力	0	0	0	0	0
已投运光伏	0	0	0	0	0
8. 储能装机	0	0	100	100	100
9. 电力盈余（火电最小出力）					
已投风电 + 已投光伏	69	68	66	62	41
规划风电 + 规划光伏	69	68	66	62	41
规划风电 + 规划光伏 + 储能 50% 充电	69	68	16	12	-9
规划风电 + 规划光伏 + 储能 100% 充电	69	68	-34	-38	-59

3）变电站 B 新能源消纳空间分析结果。

变电站 B 现有主变压器容量 2×180MVA，已接入的 110kV 及以下风电项目有 5 项，装机容量 155.4MW；生物质及地方电厂装机容量 15MW。

变电站 B 接纳储能空间主要受限于春季晚间小负荷，2025 年变电站 B 的 110kV 系统可接纳储能能力最小为 124MW。该储能电站规划容量为 100MW/200MWh，变电站 B 的 110kV 系统可满足接入要求。变电站 B 新能源消纳空间分析见表 5–1–19。

表 5-1-19　变电站 B 新能源消纳空间分析

项目	2022 年	2023 年	2024 年	2025 年
1. 主变压器容量（MVA）	360	360	360	360
2. 夜间网供小负荷（MW）	104	105	108	92
3.110kV 系统已接入小电厂容量（MW）	15	15	15	15
4. 小电厂出力（MW）	8	8	8	8
5. 消纳能力（MW）	276	278	280	264
6.110kV 系统已审定新能源装机（MW）	155	155	155	155
7. 还可接纳新能源电力（MW）	137	138	140	124

4. 电量平衡分析

（1）电量平衡原则。

电量平衡条件如下：

1）电厂 A 利用小时数 3800h，电厂 B 利用小时数 500h。

2）地方及企业自备电厂年利用小时数 2500h。

3）光伏电站年利用小时数 1000h。

4）风电场年利用小时数 2400h。

（2）电量平衡结果。

根据电量平衡结果，由于 Z 地区电源装机较少，存在较大的电量缺额，考虑规划光伏、风电和该项目电量后，2025 年电量缺额 99.2 亿 kWh。Z 供电区电量平衡表见表 5-1-20。

表 5-1-20　Z 供电区电量平衡　1×10^{8}kWh

项目	2022 年	2023 年	2024 年	2025 年	2030 年
1.Z 供电区电量	173	180	192	205	265
2. 地方电厂	9.0	9.0	9.0	9.0	9.0
3. 统调电厂发电量					
电厂 A	50.2	50.2	50.2	50.2	50.2
电厂 B	4.4	4.4	4.4	4.4	4.4
4. 新能源发电量					

续表

项目	2022 年	2023 年	2024 年	2025 年	2030 年
光伏发电量	8.7	8.7	8.7	8.7	8.7
风电发电量	33.6	33.6	33.6	33.6	33.6
5. 储能电站			-0.10	-0.10	-0.10
6. 电量盈亏					
6.1 不计风电光伏	-109.9	-116.4	-128.4	-141.4	-201.4
6.2 计及规划光伏 + 风电 + 本项目	-67.6	-74.1	-86.2	-99.2	-159.2

5. Z 供电区调峰能力分析

（1）调峰平衡原则。

1）根据 Z 电网负荷特性分析结果，对 Z 供电区夏季、春季和冬季进行调峰平衡分析。

2）Z 电网夏季日最大峰谷差为 1854MW，峰谷差系数为 0.44，冬季日最大峰谷差为 2010MW，峰谷差系数为 0.54，春季日最大峰谷差为 587MW，峰谷差系数为 0.54。Z 供电区各季节峰谷差系数见表 5-1-21。

表 5-1-21　　Z 供电区各季节峰谷差系数

季节	峰值	谷值	峰谷差	峰谷差系数
夏季	4395	2541	1854	0.44
冬季	3398	1388	2010	0.54
春季	1362	775	587	0.54

3）火电机组各季节开机方式及出力方式。

a. 电厂 A：夏季和冬季电厂 A 按开 2 台机组考虑，其他季节开一台机组，根据电厂 A 电源出力特性分析结果，根据该机组出力曲线，电厂 A 机组调峰能力按 60% 考虑。

b. 电厂 B：夏季大负荷电厂 B 开 2 台机组，冬季电厂 B 开 1 台机组，春季和秋季按不开机考虑。根据其出力曲线，电厂 B 机组调峰能力按 80% 考虑。

4）风电一般具有负荷高峰时段出力小、负荷低谷时段出力大的反调峰性，实际计算中，参考省内实际风电场典型出力曲线，风电夏季和冬季按装机容量的 40% 考虑参与反调峰，春季按装机容量的 50% 参与反调峰。风电场考虑已投运的风电项目。

5）光伏电站一般具有中午出力最大、夜晚出力基本为零的特性，而根据前述负荷特性现况，Z 电网负荷曲线均为晚高峰负荷最大，夜间凌晨以后负荷最小的特性。因此后续调峰平衡分析中光伏电站不参与调峰。光伏电站仅考虑已投运的光伏项目。

6）不考虑区外电网的调峰能力。

7）旋转备用容量按 10% 考虑。

8）规划储能项目及该工程不参与调峰平衡。

（2）调峰平衡结果。

根据 Z 调峰平衡能力分析可得，夏季、冬季和春季均有一定调峰缺口，且其受资源禀赋限制，无法发展其他常规大容量调峰电源，该工程投运可以增加 Z 供电区的调峰能力，可发挥削峰填谷作用。

Z 地区夏季的调峰能力分析：不考虑区外电网和电厂 B，Z 地区夏季有一定的调峰缺额，且随着负荷的增大，调峰缺口逐渐增大，2025 年的调峰缺口为 2704MW。考虑电厂 B 的调峰能力，Z 地区 2025 年的调峰缺口为 2000MW。Z 供电区夏季调峰平衡表见表 5–1–22。

表 5–1–22　Z 供电区夏季调峰平衡表　MW

项目		2022 年	2023 年	2024 年	2025 年	2030 年
最大负荷		4425	4830.5	5265.5	5570	6700
日最小负荷率		0.44	0.44	0.44	0.44	0.61
旋转备用容量		443	483	527	557	670
系统调峰需求		2921	3188	3475	3676	3283
电厂 B	装机容量	880	880	880	880	880
	调峰容量	704	704	704	704	704
本地风电	装机容量	1399	1399	1399	1399	1399
	反调峰能力	–560	–560	–560	–560	–560
本地光伏	装机容量	868	868	868	868	868
	0% 调峰能力	0	0	0	0	0
自备电厂	利用容量	361	361	361	361	361
	10% 调峰能力	36	36	36	36	36

续表

项目		2022 年	2023 年	2024 年	2025 年	2030 年
煤电机组	开机容量	1320	1320	1320	1320	1320
	调峰容量	792	792	792	792	792
调峰平衡	不考虑电厂 B 调峰能力	−2652	−2216	−2503	−2704	−2311
	考虑电厂 B 调峰能力	−1948	−1512	−1799	−2000	−1607

Z 地区冬季的调峰能力分析：不考虑区外电网和电厂 B，Z 地区夏季有一定的调峰缺额，且随着负荷的增大，调峰缺口逐渐增大，2025 年的调峰缺口为 1781MW。考虑电厂 B 的调峰能力，Z 供电区 2025 年的调峰缺口为 1429MW。Z 供电区冬季调峰平衡见表 5–1–23。

表 5–1–23　Z 供电区冬季调峰平衡表　MW

项目		2022 年	2023 年	2024 年	2025 年	2030 年
最大负荷		3407	3719	4054	4289	5159
日最小负荷率		0.54	0.54	0.54	0.54	0.61
旋转备用容量		341	372	405	429	516
系统调峰需求		1908	2083	2270	2402	2528
电厂 B	装机容量	440	440	440	440	440
	调峰容量	352	352	352	352	352
本地风电	装机容量	1399	1399	1399	1399	1399
	反调峰能力	−560	−560	−560	−560	−560
本地光伏	装机容量	868	868	868	868	868
	调峰能力	0	0	0	0	0
自备电厂	利用容量	361	361	361	361	361
	10% 调峰能力	36	36	36	36	36
煤电机组	开机容量	1320	1320	1320	1320	1320
	调峰容量	792	792	792	792	792
调峰平衡	不考虑电厂 B 调峰能力	−1640	−1463	−1650	−1781	−1908
	考虑电厂 B 调峰能力	−1288	−1111	−1298	−1429	−1556

Z 地区春季的调峰能力分析：不考虑区外电网和电厂 B，Z 地区夏季有一定的调峰缺额，且随着负荷的增大，调峰缺口逐渐增大，2025 年的调峰缺口为 1235MW。Z 供电区春季调峰平衡表见表 5-1-24。

表 5-1-24　Z 供电区春季调峰平衡表　MW

项目		2022 年	2023 年	2024 年	2025 年	2030 年
最大负荷		1372	1497	1632	1727	2077
日最小负荷率		0.54	0.54	0.54	0.54	0.61
旋转备用容量		137	150	163	173	208
系统调峰需求		768	839	914	967	1018
电厂 B	装机容量	0	0	0	0	0
	调峰容量	0	0	0	0	0
本地风电	装机容量	1399	1399	1399	1399	1399
	反调峰能力	-700	-700	-700	-700	-700
本地光伏	装机容量	868	868	868	868	868
	调峰能力	0	0	0	0	0
自备电厂	利用容量	361	361	361	361	361
	10% 调峰能力	36	36	36	36	36
煤电机组	开机容量	660	660	660	660	660
	调峰容量	396	396	396	396	396
调峰平衡	不考虑电厂 B 调峰能力	-1036	-1106	-1182	-1235	-1285
	考虑电厂 B 调峰能力	-1036	-1106	-1182	-1235	-1285

6. 接入系统方案拟定

（1）接入系统电压等级分析。

该项目装机容量 100MW/200MWh，适合采用 110kV 及以上电压等级接入系统。结合周边电网情况，该报告主要采用 110kV 及以上电压等级接入电网系统进行分析研究。

（2）导线截面积选择。

针对该项目采用 110kV 及以上电压等级接入电网进行分析研究。常见相关架空导线输送能力见表 5-1-25。

表 5-1-25　　常见相关架空导线输送能力

导线型号	安全工作电流（A）	输送容量（MVA）
LGJ-300	690	106.5
LGJ-400	830	128
LGJ-2×240	1220	188
LGJ-2×300	1380	426

该项目若采用110kV等级并网，可选LGJ-300及以上导线进行并网，考虑电网实际发展情况，并留有适当裕度，建议该项目若采用110kV等级并网，并网线路型号选择LGJ-2×240导线；若采用220kV等级并网，并网线路型号选择LGJ-2×300导线。

（3）项目周边变电站简介。

该项目位于Z市H县西部。周边有220kV变电站B和110kV变电站C、变电站D。

1）220kV变电站B。变电站B位于H县县城西部，距该项目直线距离约1.2km。变电站B主变压器规模为3×180MVA，现有主变压器2×180MVA，电压等级为220kV/110kV/10kV。220kV为双母线接线，220kV出线规模6回，现有出线5回，备用1回。110kV为双母线接线，110kV出线规模10回，现有出线9回，备用1回。

2）110kV变电站C。变电站C为规划站址，计划2024年10月投运，距离储能电站直线距离约5.7km。变电站C主变压器规模为3×50MVA，本期主变压器50MVA，电压等级为110kV/10kV；110kV为单母线分段接线，110kV出线规模4回，规划本期出线2回，备用2回。

3）110kV变电站D。变电站D距离储能电站直线距离约5.5km。变电站D主变压器规模为3×50MVA，现有主变压器1×31.5MVA，主变压器电压等级为110kV/10kV；110kV母线现状为单母线接线（分段开关未上），远期为单母分段接线，110kV出线2回。

（4）拟定接入系统方案。

结合相关地区电网情况、储能电站装机规模、周边站点情况，初步拟定三个接入系统方案：

1）方案一：储能电站新建1座110kV升压站，110kV出线1回接入变电站B的110kV侧，新建线路长度约2km，架空线路导线型号为LGJ-2×240，若采用电缆，电缆载流量需与LGJ-2×240架空线相匹配。储能电站接入系统方案一示意图见图5-1-1。

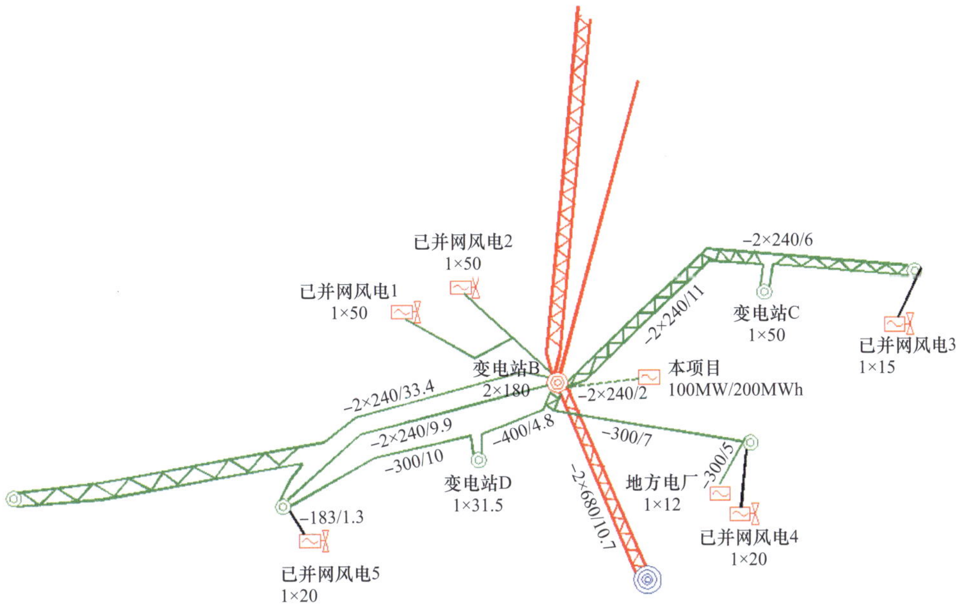

图 5-1-1　储能电站接入系统方案一示意图

2）方案二：储能电站新建 1 座 110kV 升压站，110kV 出线 1 回接入变电站 C 的 110kV 侧（该站规划 2024 年 10 月投产），新建架空线路导线型号及长度为 LGJ–2×240/7km，若采用电缆，电缆载流量需与 LGJ–2×240 架空线相匹配。储能电站接入系统方案二示意图见图 5-1-2。

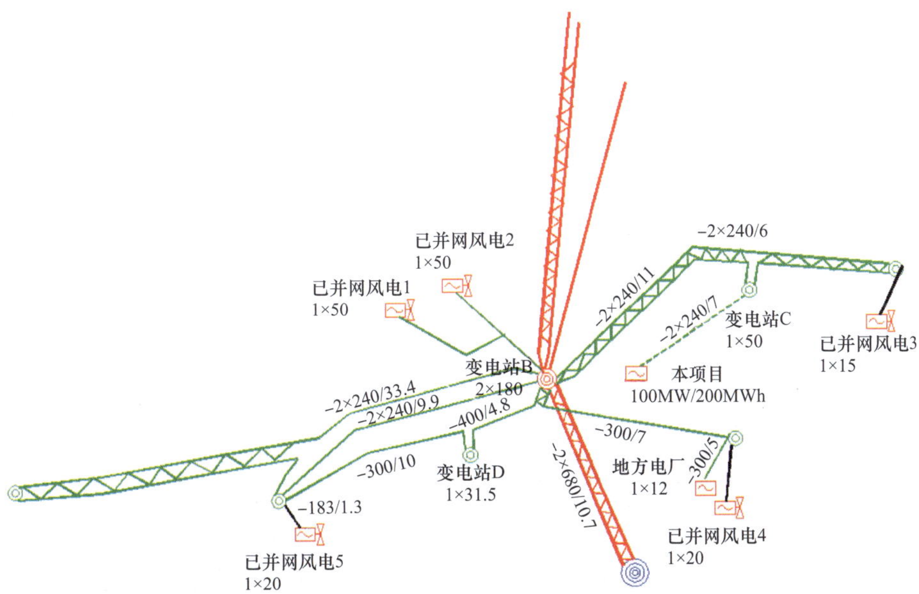

图 5-1-2　储能电站接入系统方案二示意图

3）方案三：储能电站新建 1 座 110kV 升压站，110kV 出线 1 回接入变电站 D 的 110kV 侧，新建并网线路导线型号及长度为 LGJ–2×240/7km，若采用电缆，电缆载流量需与 LGJ–2×240 架空线相匹配。同时将变电站 D 的 110kV 侧母线由单母线（分段未上）接线改造为单母分段接线。储能电站接入系统方案三示意图见图 5–1–3。

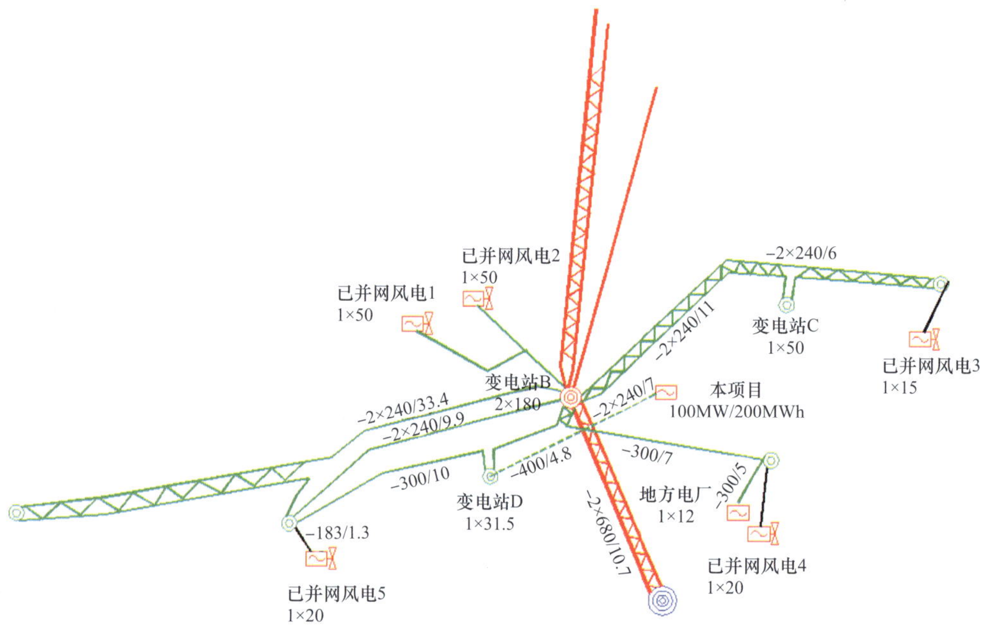

图 5–1–3　储能电站接入系统方案三示意图

4）方案四：储能电站新建 1 座 220kV 升压站，220kV 出线 1 回，接入变电站 B 的 220kV 侧，新建线路长度约 2km，架空线路导线型号为 LGJ–2×300。储能电站接入系统方案四示意图见图 5–1–4。

7. 方案经济技术比较

（1）潮流计算。

2025 年夏季晚间大负荷方式下，储能电站按满功率放电状态，风电按 83% 大出力考虑。方案一、方案二和方案三储能电站均接入变电站 B 的 110kV 系统，变电站 B 降压 115MW，方案四储能电站接入 220kV 电压等级，变电站 B 降压 214MW，储能电站接入变电站 B 的 110kV 系统降低了大负荷时变电站 B 的降压压力。

由潮流计算结果可得，夏季晚间大负荷，储能电站处于满功率放电状态，相关线路和变压器均无过载现象，电压均在合理范围内。

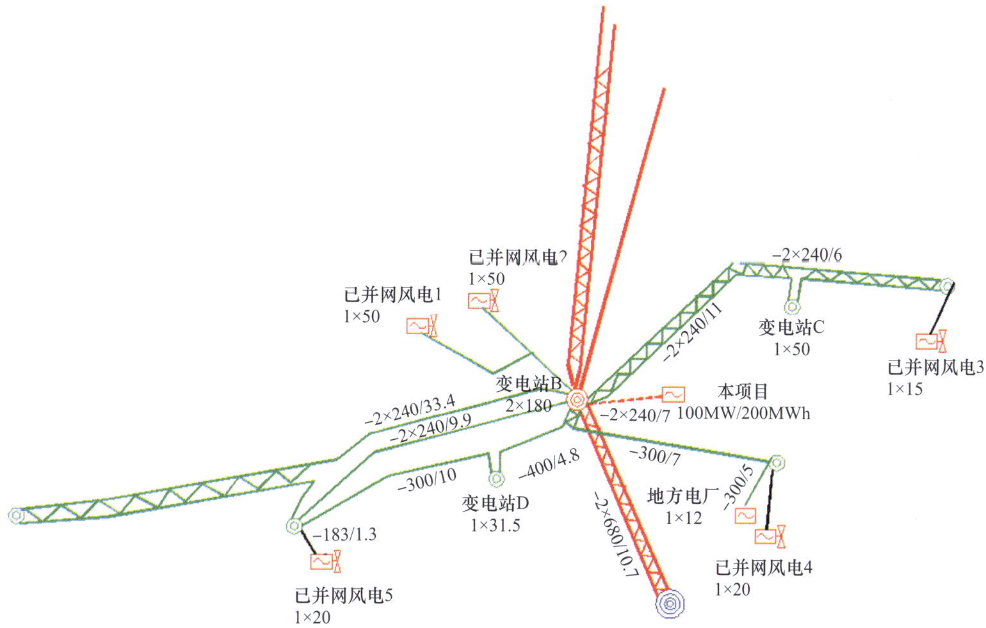

图 5-1-4　储能电站接入系统方案四示意图

2025 年春季夜间小负荷方式下，储能电站按满功率充电状态，风电按 95% 大出力考虑。方案一、方案二和方案三储能电站均接入变电站 B 的 110kV 系统，变电站 B 上送潮流 5MW，方案四储能电站接入 220kV 电压等级，变电站 B 上送潮流 105MW。春季夜间小负荷方式下，储能电站接入变电站 B 的 110kV 系统减轻了变电站 B 的上送潮流。

由潮流计算结果可得，春季夜间小负荷，储能电站处于满功率充电状态，相关线路和变压器均无过载现象，电压均在合理范围内。

方案三，在变电站 B 至变电站 D 的 110kV 线路故障方式下，此时储能充电，变电站 D 的另一回并网线路潮流过载，该故障方式下需预控储能电站最大充电功率。

（2）短路电流计算。

通过分析上述相关站点短路电流和短路容量的计算，相关站点短路容量比均低于 10%，满足并网点短路容量比要求。

（3）经济比较分析及推荐方案。

1）投资费用分析。对拟定各方案不同部分进行投资规模比较，110kV 间隔按照 100 万元 / 个计算，110kV LGJ−2×240 双回线路按照 85 万元 /km 计算，220kV LGJ−2×300 线路按照 110 万元 /km 计算；110kV 升压变压器费用按 500 万元计列，

220kV 升压变压器费用按 800 万元计列。仅比较各方案不同部分，风电场工程接入系统方案投资估算表见表 5-1-26。

表 5-1-26　风电场工程接入系统方案投资估算表　万元

项目	方案一	方案二	方案三	方案四
并网线路	LGJ-2×240/2km	LGJ-400/7km	LGJ-400/7km	LGJ-2×300/2km
线路投资	170	560	560	220
间隔投资	100	100	100	200
储能站内（间隔和升压变压器）	600	600	600	1000
总投资	870	1260	1260	1420
投资差值	0	390	390	550

由表 5-1-26 可以看出，方案一、方案二和方案三投资费用差别主要体现在并网线路的投资，方案一并网线路最短，投资比其他两个方案低，方案二和方案三投资最高。方案四以 220kV 电压等级接入，虽然新建线路短，但考虑储能站内 220kV 间隔和升压变压器的投资后，投资高于其他工程。

2）接入方案分析及推荐方案。从投资比较来看，方案一、方案二和方案三以 110kV 电压等级接入，方案一并网线路最短，投资比其他两个方案低，方案四以 220kV 电压等级接入，新建线路短，考虑储能站内投资后，总投资高于其他方案。方案二和方案三新建线路长度相当，投资相当，但总投资最高。

对系统运行方式的影响，方案一直接接入变电站 B 的 110kV 侧，方案四接入变电站 B 的 220kV 侧，对系统运行方式影响较小。

方案二接入变电站 C，可满足储能电站充电和放电运行方式的要求。

方案三接入 110kV 变电站 D，正常运行方式，可满足储能电站的运行。在变电站 B 至变电站 D 的 110kV 线路故障方式下，此时储能电站充电，变电站 D 的另一回并网线路过载，该故障方式下需预控储能电站最大充电功率。

从变电实施难度来看，220kV 变电站 B 仅剩余 1 个 220kV 备用间隔，且位于最北侧，方案四需跨越现有变电站 B 的 220kV 出线接入；方案一储能电站可向西出线，接入变电站 B 的 110kV 南侧空余间隔，进站难度低于方案四。

变电站 B 的 110kV 及以下系统已接入风电装机 155MW，2022 年变电站 B 的最大负荷为 289MW，方案一、方案二和方案三均接入变电站 B 的 110kV 系统，在大负荷时储能放电，可减轻变电站 B 的降压压力，小负荷时储能充电，可改善变电站 B 的上送潮流。

综合以上分析，推荐方案一作为储能电站接入系统方案，即储能电站新建 1 座 110kV 升压站，110kV 出线 1 回，接入变电站 B 的 110kV 侧，新建线路长度约 2km，架空线路导线型号为 LGJ–2×240，若采用电缆，电缆载流量需与 LGJ–2×240 架空线相匹配。

8. 稳定性计算

（1）故障方式。

1）线路三相永久接地故障。相关 220kV 线路三相永久接地故障，0.0s 故障，线路两端断路器 0.12s 三相跳开不重合。电站并网 110kV 线路故障，0s 故障，0.15s 两端三相跳开。

2）线路单相永久接地故障。220kV 线路一侧 0.0s 发生单相短路接地永久故障，线路两侧 0.12s 单相跳开，1.12s 单相重合，1.24s 三相跳开。

在推荐接入系统方案下，储能电站并网线路的相关 110kV 线路发生三相短路永久故障及单相接地永久故障时，继电保护装置及断路器正确动作，故障线路正常跳开，系统均无电压稳定问题。

（2）相关线路故障时稳定计算结果。

由计算结果可知，并网及相关线路发生故障时，推荐接入系统方案在继电保护装置及断路器正确动作，故障线路正常跳开的情况下，系统侧均无电压稳定问题。相关线路故障稳定计算结果见表 5–1–27。

表 5–1–27　相关线路故障稳定计算结果

故障线路及故障点	计算结果	对储能电站的要求
并网线路储能电站侧三相永久故障	电网保持稳定	储能电站全部切出
并网线路变电站 B 侧三相永久故障	电网保持稳定	储能电站全部切出
变电站 B—变电站 C 110kV 线路变电站 B 侧三相永久故障	电网保持稳定	储能电站全部切出
变电站 B—变电站 C 110kV 线路变电站 C 侧三相永久故障	电网保持稳定	应具备相应的低电压穿越能力

续表

故障线路及故障点	计算结果	对储能电站的要求
变电站 B—变电站 D 220kV 线路变电站 B 侧三相永久故障	电网保持稳定	储能电站全部切出
变电站 B—变电站 D 220kV 线路变电站 D 侧三相永久故障	电网保持稳定	应具备相应的低电压穿越能力
变电站 B—变电站 D 220kV 线路变电站 B 侧单相永久故障	电网保持稳定	应具备相应的低电压穿越能力
变电站 B—变电站 D 220kV 线路变电站 D 侧单相永久故障	电网保持稳定	应具备相应的低电压穿越能力

9. 推荐方案调压计算

根据《电化学储能系统接入电网技术规定》（GB/T 36547—2018）的规定，电化学储能电站无功功率控制应满足以下要求：

（1）通过 10（6）kV 及以上电压等级接入公用电网的电化学储能系统应同时具备就地和远程无功功率控制和电压调节功能。

（2）电化学储能系统应具备恒功率控制、恒功率因数控制和恒充电 / 放电电流控制功能，能够按照计划曲线和下发指令方式连续运行。

（3）电化学储能在其变流器额定功率运行范围内应具备四象限功率控制功能，有功功率和无功功率应动态可调。

《电化学储能系统接入电网技术规定》（GB/T 36547—2024）、《电化学储能电站接入系统设计内容深度规定》（Q/GDW 11995—2019）、《电化学储能电站接入电网设计规范》（DL/T 5810—2020）等规程均未对储能电站无功配置进行定量要求，根据《电化学储能电站设计规范》（GB 51048—2022）的规定，电化学储能电站无功功率控制应满足以下要求：

（1）电站的无功补偿装置配置应按照电力系统无功补偿就地平衡、便于调整电压和满足定位需求的原则配置。

（2）并网运行模式下，不参与系统无功调节时，电站并网点处超前或滞后功率因数不应小于 0.95。

（3）电化学储能电站配置的容性无功补偿容量除能够补偿并网点以下电化学储能电站汇集系统及主变压器的感性无功损耗外，还要能够补偿电化学储能电站充、放电时送出线路一半的感性无功损耗；配置的感性无功补偿容量能够补偿电化学储能电站送出线路一半的充电无功功率。

（4）该储能项目以 110kV 电压等级接入系统，其电压控制水平参考以上要求，并结合储能电站自身电压调节能力进行无功分析。

（5）该储能电站以推荐方案接入电网后，满出力情况下，储能电站箱式变压器、升压变压器和送出线路一半的无功损耗为 19.8Mvar，需补偿容性无功容量 20Mvar。系统工作于 100MW 充、放工况下，变流器可提供 ±33.3Mvar 无功功率。无须为电站内单独设置无功补偿。

10. 结论及建议

该储能项目位于 Z 市 H 县，建设规模 100MW/200MWh，计划于 2024 年 12 月建成投运。该项目为独立共享储能电站，可在电网中发挥调峰、调频、备用等作用，可独立参与辅助服务市场，还可为新能源电站提供储能配套租赁服务，待相关政策完善后，该项目还可参与电力市场交易。

根据电力平衡、潮流计算结果分析可知：大负荷放电、小负荷充电情况下，相关线路和变压器均无过载现象，电压均在合理范围内。

综合考虑技术经济因素，推荐方案为：储能电站新建 1 座 110kV 升压站，110kV 出线 1 回，接入变电站 B 的 110kV 侧，新建线路长度约 2km，架空线路导线型号为 LGJ–2×240，若采用电缆，电缆载流量需与 LGJ–2×240 架空线相匹配。

主接线和升压变压器：储能电站升压站 110kV 侧采用线变组单元接线，35kV 侧采用单母线接线。升压站选用 1 台三相、双绕组、自然油循环自冷型油浸式有载调压电力变压器，容量为 120MVA，参数选择为 115±8×1.25%/37kV。箱式变压器参数建议选择 3600kVA 37±2×2.5%/0.69kV 变压器。

无功补偿：根据接入系统稳态分析，储能电站应按系统需要设定功率因数，保证接入点的电压质量，为保证系统和储能电站在各种运行方式下的安全稳定运行，变流器提供无功功率满足需求，建议共享储能项目本期无须新增动态无功补偿容量。

储能电站应配备长期的电能质量监测设备，委托有资质单位定期测试，以满足电压质量指标。